DOSSIERS MATHEMATIQUES 7

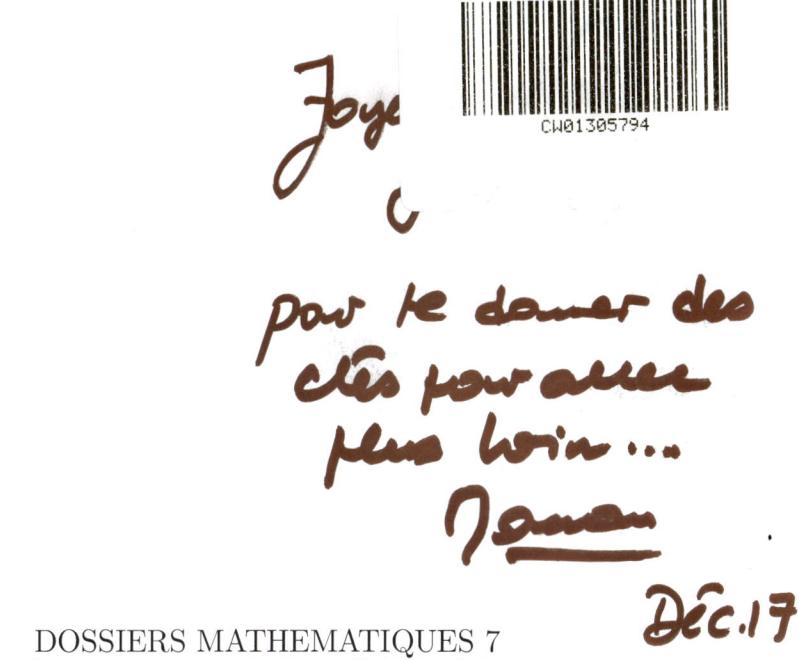

Les raisonnements mathématiques

Dany-Jack Mercier

Editeur : CreateSpace Independent Publishing Platform
ISBN-13 : 978-1494886530
ISBN-10 : 1494886537

© **2014 Dany-Jack Mercier. Tous droits réservés.**

Table des matières

1 Aristote et les syllogismes   **7**
   1.1 Introduction 7
   1.2 Syllogismes 8
   1.3 Exemples 10
   1.4 Paralogismes et sophismes 12

2 Le raisonnement   **15**
   2.1 Le raisonnement déductif 15
      2.1.1 Présentation 15
      2.1.2 Tables de vérités 16
      2.1.3 Prédicats et quantificateurs 20
   2.2 Induction et abduction 22
      2.2.1 Sciences formelles et sciences expérimentales 22
      2.2.2 Le raisonnement inductif 23
      2.2.3 Le raisonnement abductif 25
      2.2.4 L'induction en mathématiques 28

3 Les raisonnements mathématiques   **29**
   3.1 Raisonnement direct 29
      3.1.1 Description 29
      3.1.2 Exemples 30
      3.1.3 Partir de la conclusion 39
      3.1.4 Egalité de deux ensembles 43
   3.2 Raisonnement par disjonction de cas 46
      3.2.1 Description 46
      3.2.2 Un paradoxe de Lewis Carroll 48
      3.2.3 Exemples 48
   3.3 Raisonnement par contre-exemple 53
      3.3.1 Description 53
      3.3.2 Exemples 54

- 3.4 Raisonnement par contraposée 60
  - 3.4.1 Description 60
  - 3.4.2 Exemples 63
- 3.5 Raisonnement par l'absurde 64
  - 3.5.1 Description 64
  - 3.5.2 Exemples 66
  - 3.5.3 Un raisonnement mal aimé ?............. 75
  - 3.5.4 Le paradoxe d'Olbers 78
- 3.6 Raisonnement par analyse-synthèse 81
  - 3.6.1 Description 81
  - 3.6.2 Recherche de lieux géométriques 82
  - 3.6.3 Exemples 87
- 3.7 Raisonnement par récurrence 94
  - 3.7.1 Description 94
  - 3.7.2 Justification 96
  - 3.7.3 Est-ce un principe ? 98
  - 3.7.4 Une panoplie de récurrences 99
  - 3.7.5 Exemples 100

4 Enseigner le raisonnement 113
- 4.1 Les programmes du secondaire 113
- 4.2 Enseigner à raisonner........................ 119
- 4.3 Raisonnement et démonstration 121
- 4.4 Abstrait vs concret 123
- 4.5 Faut-il du temps pour apprendre ? 125

Introduction

Ce livre propose un panorama précis des différentes méthodes de raisonnement que l'on rencontre en mathématiques. Les syllogismes d'Aristote sont le point de départ d'un voyage dans les contrées du raisonnement déductif et de son utilisation.

D'autres modes de raisonnements seront abordés, comme les raisonnements inductifs et abductifs, pour arriver à mieux comprendre la particularité des sciences logico-déductives.

Agrémenté de 74 exemples proposés sous forme d'exercices de difficultés variées, corrigés et commentés avec soin, ce septième volume de la collection des DOSSIERS MATHEMATIQUES est l'occasion de faire le point sur les méthodes dont on dispose en mathématiques pour chercher, raisonner, et rédiger.

La plupart des exercices proposés demandent d'avoir au moins suivi la filière scientifique des lycées, même si des connaissances mathématiques des deux premières années de licence sont souhaitables pour une lecture facilitée de certains passages.

Comme l'a écrit Epicure dans sa *Lettre à Ménécée* :

« Il vaut mieux échouer par mauvaise fortune, après avoir bien raisonné, que réussir par heureuse fortune, après avoir mal raisonné ».

Mais que veut dire « bien raisonner » ?

Après un premier chapitre qui rappelle ce que sont les syllogismes, les paralogismes et les sophismes, on trouvera une description concise du raisonnement déductif, avec quelques rappels concernant les tables de vérité, les prédicats et les quantificateurs.

Le chapitre 3 décrit sept raisonnements très utilisés en mathématiques :

- Raisonner directement en déduisant systématiquement les affirmations les unes des autres est un moyen de procéder, même s'il s'avère judicieux de casser ce schéma pour permettre d'être plus créatif, par exemple en commençant par la conclusion comme l'a montré André Antibi [1].

- Raisonner par disjonction de cas est parfois incontournable, comme le suggère un paradoxe de Lewis Carroll (§. 3.2.2 p. 48) ou l'exercice 20 p. 50 sur les chevaliers et les gueux.

- Un contre-exemple suffit pour infirmer une propriété présentée comme générale.

- Raisonner par contraposée peut être utile, mais l'intérêt majeur de la prise de la contraposée d'une implication réside plutôt dans la capacité de réécrire une affirmation de façon totalement nouvelle et insoupçonnée (p. 62).

- Le raisonnement par l'absurde remplace avec bonheur l'utilisation de la contraposée en offrant plus de souplesse et de liberté. On se posera cependant la question de savoir pourquoi le raisonnement par l'absurde est souvent mal aimé quand il s'agit d'écrire une démonstration (§. 3.5.3 p. 75).

- Il est impossible de se passer du raisonnement par analyse-synthèse tant celui-ci permet de débuter une recherche tout en offrant une méthode de construction des objets auxquels on s'intéresse.

- En dernier lieu, on étudiera le raisonnement par récurrence qui donne un sens à des propositions qui touchent à une infinité de déclarations.

Un dernier chapitre s'intéresse à l'enseignement du raisonnement, qu'il ne faut pas trop vite confondre avec la pratique de la démonstration. L'apprentissage du raisonnement devrait être l'un des objectifs principaux de l'enseignement des mathématiques, conjointement à l'acquisition de tout un panel de savoirs structurés construits sur des résultats que l'on aura démontrés, ou du moins justifiés de la façon la plus rigoureuse possible à un niveau d'enseignement donné.

Dany-Jack Mercier

Amsterdam, le 2 janvier 2014

Photographie de la couverture : copie peinte sur toile de *The labour* de Chou Sundara, par Evelyne en 2006.

Chapitre 1

Aristote et les syllogismes

1.1 Introduction

Aristote le Stagirite, né à Stagire, en Macédoine, en 384 av. J.-C, devint pendant vingt ans l'un des plus assidus disciples de Platon qui enseignait alors à l'Académie, à Athènes.

Aristote fonda ensuite sa propre école, toujours à d'Athènes, et l'appela le Lycée. Cette école fut rapidement connue sous le nom d'école péripatéticienne pour rappeler que le maître y enseignait en déambulant sous les portiques, le grec peripatein signifiant « se promener ».

Ce philosophe, artiste et scientifique grec eut une influence très importante dans de nombreux domaines tant en Orient qu'en Occident, et l'on peut lire à son sujet :

> « Véritable encyclopédiste, il s'est beaucoup intéressé aux arts (musique, rhétorique, théâtre) et aux sciences (physique, biologie, cosmologie) de son époque ; il en théorisa les principes et effectua des recherches empiriques pour les appuyer. Il élabora une réflexion fondamentale sur l'éthique et sur la politique qui influença durablement l'Occident. Le Stagirite est également considéré, avec les stoïciens, comme l'inventeur de la logique : il élabora une théorie du jugement prédicatif, systématisa l'usage des syllogismes et décrivit les rouages des sophismes. » ([39], article sur Aristote)

Le syllogisme est une figure de rhétorique inventée par Platon voilà presque deux millénaires et demi, un raisonnement implacable destiné à démontrer une proposition, à avoir la preuve que l'affirmation que l'on énonce est juste. Comme pour tous les orateurs de l'époque, utiliser un syllogisme représentait la garantie que l'on démontrait rigoureusement une affirmation et que le public ne pouvait plus qu'acquiescer, s'il désirait rester raisonnable.

La preuve était systématisée, le raisonnement imparable était né ! Les sophistes (maîtres de philosophie et de rhétorique) et les platoniciens possédaient maintenant une règle à appliquer dans toute les discussions, un procédé fiable qui allait devenir essentiel dans l'art de conduire un raisonnement.

1.2 Syllogismes

Le syllogisme (syn = avec, logos = étude, parole, discours) est une forme particulière de raisonnement déductif qui fait appel à deux propositions, appelées prémisses, qui en entraînent une troisième, appelée conclusion. Parmi les deux prémisses, on distingue la prémisse majeure qui est la plus générale, et la prémisse mineure qui l'est moins.

Le syllogisme le plus connu est sans doute le suivant :

1. Tous les hommes sont mortels, (prémisse majeure)
2. Or Socrate est un homme, (prémisse mineure)
3. Donc Socrate est mortel. (conclusion)

Dans l'exemple précédent, le terme « mortel » est appelé terme majeur car il apparaît une fois dans les prémisses et une fois dans la conclusion. Le terme « Socrate » est appelé terme mineur car il apparaît aussi une fois dans les prémisses et une fois dans la conclusion. Pour finir, le terme « homme » est appelé terme moyen puisqu'il sert d'intermédiaire entre les deux autres termes, et apparaît dans les deux prémisses sans être rappelé dans la conclusion.

Si l'on note :

S = Socrate = terme mineur,
H = Homme = terme moyen,
M = Mortel = terme majeur,

et si l'on utilise le langage des ensembles, le syllogisme s'écrit :

$$\left. \begin{array}{l} H \subset M \\ S \in H \end{array} \right\} \Rightarrow S \in M.$$

L'implication que l'on vient d'écrire étant toujours vraie, on dira qu'il s'agit d'une tautologie (au sens logique du terme).

Evidemment, la conclusion d'un syllogisme ne peut être admise pour vraie que si les deux prémisses sont vraies, ce qui peut ne pas être le cas dans un discours où l'on a décidé de brouiller les pistes et de déformer ce raisonnement

1.2. SYLLOGISMES

sans que les auditeurs s'aperçoivent de la manipulation. Mais du point de vue logique, et s'il est bien utilisé, un syllogisme énonce toujours une vérité.

Voici comment Aristote introduit les syllogismes au début du chapitre IV de son livre *Premiers analytiques* :

> « Ceci une fois posé, disons avec quels éléments, dans quels cas, et sous quelle forme se produit tout syllogisme. Ce n'est que plus tard qu'il faut parler de la démonstration ; auparavant, on doit traiter du syllogisme parce que le syllogisme est plus général que la démonstration, qui n'est qu'une sorte de syllogisme, tandis que tout syllogisme n'est pas une démonstration. » [2]

On peut être étonné de voir qu'Aristote considère le syllogisme comme étant plus général que la démonstration, car pour nous « démontrer » correspond à utiliser de nombreuses règles de logique qui permettent de partir des hypothèses, c'est-à-dire des affirmations que l'on suppose vraies, pour aboutir à une conclusion. Dans ce processus, on utilise un nombre fini de pas qui est loin de se limiter aux trois assertions d'un syllogisme !

L'auteur veut sans doute dire ici que toute démonstration utilise des syllogismes, et qu'en ce sens étudier cette règle particulière permet de comprendre ce qu'est une démonstration.

Un peu plus loin, Aristote nous explique :

> « Par exemple, si A est attribué à tout B, et que B soit attribué à tout C, il est nécessaire que A soit attribué à tout C. Nous avons dit plus haut ce que nous entendons par être attribué à tout. De même, si A n'est attribué à aucun B, et que B soit attribué à tout C, A ne sera attribué à aucun C. » [2]

Pour comprendre cette description, il faut savoir que pour Aristote, la phrase « A est attribué à tout B » signifie qu'une certaine qualité possédée par les éléments d'un ensemble A est aussi possédée par tous les éléments d'un autre ensemble B. Si l'on décrit l'ensemble A comme formé de tous les éléments qui possèdent cette qualité, cela signifie donc que tout élément de B est dans A, ce que l'on symbolise par une inclusion dans le langage ensembliste :

$$B \subset A.$$

On comprend mieux la première assertion d'Aristote : dire que A est attribué à tout B, et que B est attribué à tout C, entraînent que A est attribué à tout C signifie que :

$$\left. \begin{array}{r} B \subset A \\ C \subset B \end{array} \right\} \Rightarrow C \subset A.$$

La seconde affirmation suivant laquelle si A n'est attribué à aucun B, et si B est attribué à tout C, alors A n'est attribué à aucun C se comprend maintenant aisément en écrivant :

$$\left. \begin{array}{l} B \cap A = \varnothing \\ C \subset B \end{array} \right\} \Rightarrow C \cap A = \varnothing.$$

Le langage des ensembles est d'une efficacité redoutable pour interpréter et comprendre la logique et les notations des scholastiques, elles-mêmes empruntées aux commentateurs grecs.

Ainsi donc, dès le début, Aristote nous indique qu'il existe plusieurs formes de syllogismes utilisant des affirmations ou des négations. Il distingue quatre types d'affirmations :

A = Proposition universelle affirmative.
E = Proposition universelle négative.
I = Proposition particulière affirmative.
O = Proposition particulière négative.

Voici un exemple :

A = Tout homme est mortel.
E = Aucun homme n'est mortel.
I = Il existe un homme qui est mortel.
O = Il existe un homme qui n'est pas mortel.

Traditionnellement, les scholastiques notaient ces affirmations en utilisant les lettres A, E, I, O de l'alphabet latin, ce qui proviendrait de la phrase latine « **Aff**I**rmo et nEgO** » qui signifie « J'affirme, je nie ».

1.3 Exemples

Voici quelques exemples de syllogismes extraits de [15] :

Premier exemple :

1. Tous les quadrilatères dont les côtés opposés sont parallèles sont des parallélogrammes ;

2. Or un carré est un quadrilatère dont les côtés opposés sont parallèles ;

3. Donc un carré est un parallélogramme.

Ce syllogisme est parfait même s'il peut choquer un lecteur non averti. Un collégien aura quelques réticences à admettre qu'un carré est un parallélogramme, parce que sa représentation d'un carré a été élaborée à partir de

1.3. EXEMPLES

découpes de figures effectuées dans les classes primaires, et contribue à associer irrémédiablement un carré avec une certaine figure plane qui possède des angles droits, des côtés parallèles, des diagonales égales, etc. Cette association est bénéfique, mais n'interdit pas de seulement retenir une propriété du carré parmi d'autres (le parallélisme des côtés opposés) pour constater qu'un carré est un parallélogramme.

Deuxième exemple :
1. Quelques multiples de 6 sont multiples de 9 ;
2. Or, quelques multiples de 3 sont multiples de 6 ;
3. Donc...

Dans cet exemple, les deux prémisses sont particulières. Elles ne sont vérifiées que pour certains éléments des ensembles considérés. On ne peut donc rien déduire et l'on se trouve bien mal en point quand il s'agit de rédiger une conclusion.

Les trois derniers exemples concernent des ensembles de nombres :

Troisième exemple :
1. $\mathbb{R} \not\subseteq \mathbb{N}$;
2. Or $\mathbb{C} \not\subseteq \mathbb{N}$;
3. Donc $\mathbb{C} \subset \mathbb{N}$.

Les deux prémisses sont négatives, donc on ne peut rien conclure. Le raisonnement est invalide. S'il existe des réels qui ne sont pas entiers, et s'il existe des complexes qui ne sont pas entiers, on ne voit pas comment on pourrait affirmer que tous les complexes sont des entiers. Pour être valide, un syllogisme doit contenir au moins une prémisse affirmative, mais cela ne suffit pas comme le montre l'exemple suivant :

Quatrième exemple :
1. $\mathbb{R} \not\subseteq \mathbb{N}$;
2. Or $\mathbb{Z} \subset \mathbb{R}$;
3. Donc $\mathbb{Z} \not\subseteq \mathbb{N}$.

C'est faux car on pourrait très bien avoir $\mathbb{Z} \subset \mathbb{N}$ tout en satisfaisant les deux premiers prémisses, comme on peut s'en persuader en dessinant un diagramme de Veen.

Cinquième exemple :
1. $\mathbb{R} \not\subseteq \mathbb{N}$;
2. $\mathbb{R} \subset \mathbb{C}$;
3. Donc $\mathbb{C} \not\subseteq \mathbb{N}$.

Ici le raisonnement est juste. L'une des prémisses est négative, comme l'est la conclusion.

Vérifier la validité de ce syllogisme est plus difficile, et demande par exemple de raisonner par l'absurde : si l'on avait $\mathbb{C} \subset \mathbb{N}$, comme on suppose que $\mathbb{R} \subset \mathbb{C}$, on aurait $\mathbb{R} \subset \mathbb{C} \subset \mathbb{N}$ donc $\mathbb{R} \subset \mathbb{N}$ en appliquant un syllogisme où toutes les propositions sont affirmatives. Mais $\mathbb{R} \subset \mathbb{N}$ contredit la première prémisse. Donc $\mathbb{C} \not\subseteq \mathbb{N}$.

Nous avons donc été obligés de tenir un raisonnement par l'absurde pour vérifier ce syllogisme. Cela n'indique-t-il pas que le recours à d'autres formes de raisonnements est indispensable, et que l'on ne peut se satisfaire du seul raisonnement par syllogisme, comme semble l'entendre Aristote ?

En tout cas cela explique pourquoi les philosophes et les sophistes ont dû définir de nombreux cas de syllogismes et les classer. Nous ne le ferons pas car nous possédons maintenant des raisonnements plus faciles à manier si l'on utilise le langage des mathématiques.

1.4 Paralogismes et sophismes

Un syllogisme est toujours présenté comme la quintessence du raisonnement. Enoncé en public, il permet de démontrer une assertion et parfois d'empêcher quiconque de s'exprimer pour invalider la preuve que l'on est en train de donner.

Mais il faut rester sur ses gardes et analyser avec soin tous les raisonnements proposés, car dans un discours il est très facile de dévoyer la forme d'un syllogisme pour en tirer des avantages.

Un **paralogisme** est un syllogisme qui mène à une conclusion fausse par étourderie, parce que les règles de construction d'un syllogisme n'ont pas été appliquées. Voici un exemple de paralogisme [15] :

1. Toute fonction dérivable sur un ensemble est continue sur cet ensemble.
2. Or la fonction $x \mapsto \sqrt{x}$ est continue sur $\mathbb{R}_+$.
3. Donc la fonction $x \mapsto \sqrt{x}$ est dérivable sur $\mathbb{R}_+$.

Affirmer la dérivabilité en 0 de la fonction racine carrée fera rire, et le raisonnement est bien sûr erroné, puisqu'il peut se traduire par l'implication :

$$\left. \begin{array}{c} D \Rightarrow C \\ F \Rightarrow C \end{array} \right\} \Rightarrow (F \Rightarrow D)$$

absolument fausse et rocambolesque !

1.4. PARALOGISMES ET SOPHISMES

Un **sophisme** est un syllogisme dont l'argumentation a été volontairement déformée et modifiée dans le but de tromper son auditoire. Toutes les manipulations sont permises, allant de la confusion aux faux dilemmes, en passant par des analogies erronées.

Voici un exemple mathématique de sophisme tiré de [15] :

1. Soit $(x, y, z) \in \mathbb{R}^3$. Si $x = y + z$, alors $x = y$ puisque l'on peut écrire, pour tout réels x, y et z :

$$\begin{aligned} x = y + z &\Rightarrow x(x - y) = (y + z)(x - y) \\ &\Rightarrow x^2 - xy = xy - y^2 + xz - yz \\ &\Rightarrow x^2 - xy - xz = xy - y^2 - yz \\ &\Rightarrow x(x - y - z) = y(x - y - z) \\ &\Rightarrow x = y. \end{aligned}$$

2. Or, si je prends $x = 3$, $y = 2$ et $z = 1$, j'obtiens $x = y + z$.
3. Donc $3 = 2$.

La première prémisse est évidemment fausse car nous mène à l'égalité $x = y$ en divisant les deux membres d'une égalité par le nombre $x - y - z$ qui pourrait être nul. Si l'une des prémisses est fausse, la conclusion ne tient pas.

Le terme « sophisme » de vient pas du grec *sophia*, qui signifie sagesse, mais plutôt de *sophisma*, un mot dont la racine est la même mais signifie « habileté », « invention ingénieuse », mais aussi « raisonnement trompeur ».

Voici un sophisme bien connu :
1. Tout ce qui est rare est cher,
2. Un cheval bon marché est rare,
3. Donc un cheval bon marché est cher.

Si l'on considère que les deux prémisses sont valides, on peut effectivement conclure qu'un objet bon marché est cher, ce qui est absurde. La manipulation provient de la façon dont on admet les deux prémisses : la première semble exacte, mais ce n'est pas le cas – ne dit-on pas que l'amour n'a pas de prix tout en considérant qu'il est rare ? Et un trèfle à quatre feuilles n'est-il pas rare sans être cher ? – et la seconde satisfait notre esprit puisqu'on a souvent naturellement tendance à penser que l'objet que l'on achète est hors de prix, même quand celui-ci est juste. On acceptera ainsi trop facilement l'idée que les bonnes affaires sont rares, ce qui nous fera conclure comme indiqué, et percevoir l'absurdité d'un tel raisonnement seulement dans l'énoncé de la conclusion.

Dans son livre *Système de logique déductive et inductive* paru en 1843 [30], le philosophe et économiste anglais John Stuart Mill propose de classifier les sophismes en cinq types distincts :

- le sophisme *a priori* (ou de simple inspection) quand la proposition que l'on désire démonter est déjà accepté par tous, considérée comme prouvée et donc ne nécessitant aucune preuve. Il y a consensus sur la conclusion, même si celle-ci est erronée.

- le sophisme d'observation où l'on obtient une conclusion fausse par négligence, pour n'avoir pas suffisamment réfléchi sur la validité des prémisses. Si l'une des prémisses est fausse, la conclusion ne peut pas être valide.

- le sophisme de généralisation où l'on généralise abusivement à partir de quelques cas particuliers.

- le sophisme de raisonnement lorsqu'on interprète mal les prémisses, par exemple en les traduisant en des termes qui ne sont pas équivalents.

- le sophisme par confusion où l'on obtient une conclusion erronée à cause de mauvaises interprétations et de légèreté dans l'appréciation des preuves.

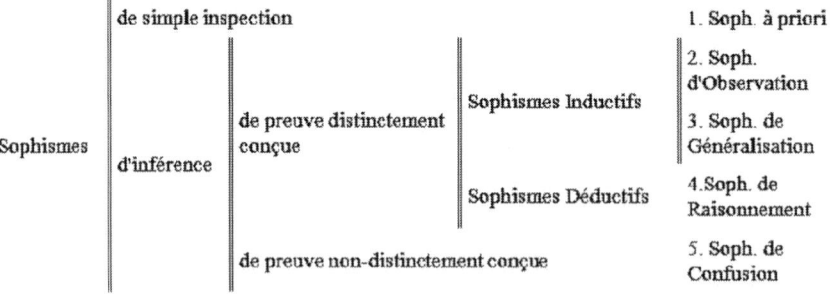

On n'oubliera cependant pas que « les erreurs accidentelles ne sont pas des sophismes » [30]. Une erreur accidentelle dans un syllogisme transforme celui-ci en un paralogisme.

Chapitre 2

Le raisonnement

2.1 Le raisonnement déductif

2.1.1 Présentation

Le raisonnement déductif est un processus cognitif qui permet de partir de quelques assertions vraies pour en déduire de nouvelles. Il élabore le savoir de façon sûre en appliquant des règles élémentaire de logique.

Le syllogisme est un cas particulier de raisonnement déductif. Plus généralement :

> « Le raisonnement déductif est un type de raisonnement qui conduit d'une ou plusieurs propositions dites prémisses, à une conclusion nécessaire, c'est-à-dire inévitable si l'on accepte la règle du jeu » [19]

Les prémisses sont aussi appelées des hypothèses. Pour démontrer une propriété B, on peut s'assurer qu'une certaine propriété A est vraie, puis vérifier qu'une implication $A \Rightarrow B$ est vraie, et cela suffit. Le raisonnement déductif s'appuie sur quelques règles essentielles (appelés aussi principes) :

Tiers exclu — Tout proposition est soit vraie, soit fausse.

Non-contradiction — Une proposition ne peut pas être à la fois vraie et fausse.

Modus ponens (mode qui affirme) — Etant données deux propositions A et B, si A est vraie, et si l'implication $A \Rightarrow B$ est vraie, alors B est vraie.

$$\left. \begin{array}{l} A \text{ vraie} \\ A \Rightarrow B \text{ vraie} \end{array} \right\} \Rightarrow B \text{ vraie.}$$

- *Modus tollens (mode qui nie)* — Etant données deux propositions A et B, si B est fausse, et si l'implication $A \Rightarrow B$ est vraie, alors A est fausse.

$$\left.\begin{array}{r} B \text{ fausse} \\ A \Rightarrow B \text{ vraie} \end{array}\right\} \Rightarrow A \text{ fausse.}$$

Ces règles sont complétées par d'autres principes et règles qu'on utilisera plus loin. Les raisonnements sont proposés dans le cadre de la logique propositionnelle booléenne qui permet de travailler sur des énoncés qui ne peuvent prendre que les valeurs « vrai » ou « faux » (principe du tiers exclus), et qui ne pourront jamais être à la fois vrais et faux (principe de non-contradiction).

Le chapitre VI du livre de Dehormoy précise ce que l'on peut entendre par « logique propositionnelle » [10].

Dans le Chapitre 3, on verra toute une panoplie de raisonnements que l'on peut utiliser.

Le raisonnement par l'absurde permet de montrer que les principes de non contradiction et du *modus ponens* entraînent le *modus tollens* : en effet, si l'affirmation B est fausse et si $A \Rightarrow B$ est vraie, si l'on suppose A vraie, on déduit que B est vraie (*modus ponens*), mais dans ce cas B sera à la fois vraie et fausse, ce qui va à l'encontre du principe de non-contradiction. C'est absurde, donc A est fausse.

Le raisonnement déductif est l'essence du raisonnement mathématique. C'est lui qui permet d'élaborer des connaissances à partir de données solides déjà acquises dans la théorie dans laquelle on se place.

En mathématiques, on démontre tout ce que l'on affirme être vrai, et tout ce qui ne peut pas être démontré est considéré comme susceptible d'être vrai ou faux jusqu'à démonstration du contraire. On peut affirmer sans crainte :

> La mathématique est une science logico-déductive dont tous les énoncés demandent une démonstration qui suit les règles de la déduction.

2.1.2 Tables de vérités

Raisonner, c'est travailler sur des assertions. Une **assertion** (on dit encore : une **proposition**, une **affirmation**, une **propriété**...) est un énoncé qui peut être vrai ou faux dans le cadre d'une théorie.

Négation — Si P désigne une assertion, la négation de P, notée « non P » ou « $\neg P$ », est une nouvelle assertion qui sera vraie si P est fausse, et fausse

2.1. LE RAISONNEMENT DÉDUCTIF

si P est vraie. C'est ce que l'on exprime en dessinant la **table de vérité** :

P	$\neg P$
V	F
F	V

Une table de vérité est une représentation sémantique des valeurs de vérité de certaines propositions. C'est un outil utilisé en logique, mais aussi en électronique et en informatique où les qualificatifs de « Vrai » ou « Faux » peuvent être remplacés par n'importe quel choix binaire : « 1 » ou « 0 », « Ouvert » ou « Fermé », « Allumé » ou « Eteint »...

Les règles du tiers exclus et de non-contradiction peuvent alors se traduire en disant qu'une porte ne peut être qu'ouverte ou fermée, mais pas les deux à la fois.

Equivalence — Si P et Q sont deux assertions, on définit une nouvelle assertion « P est équivalente à Q », que l'on note $P \Leftrightarrow Q$, comme étant l'assertion qui sera vraie si et seulement si P et Q sont de même nature :

P	Q	$P \Leftrightarrow Q$
V	V	V
V	F	F
F	V	F
F	F	V

Conjonction et disjonction — Il s'agit des connecteurs ET et OU. L'assertion « P ET Q », notée $P \wedge Q$, est vraie si et seulement si P et Q sont simultanément vraies. L'assertion « P OU Q », notée $P \vee Q$, est vraie si P est vraie ou si Q est vraie, et sera fausse seulement dans le cas où P et Q sont simultanément fausses. On obtient donc les tables de vérité :

P	Q	$P \wedge Q$
V	V	V
V	F	F
F	V	F
F	F	F

P	Q	$P \vee Q$
V	V	V
V	F	V
F	V	V
F	F	F

Ou exclusif (XOR) — L'assertion « P XOR Q » est vraie seulement si P est vraie ou Q est vraie sans que P et Q soient vraies en même temps. La table de vérité du XOR, appelé aussi « ou exclusif » est donc :

P	Q	P XOR Q
V	V	F
V	F	V
F	V	V
F	F	F

Implication — L'assertion « P implique Q », notée $P \Rightarrow Q$, est vraie dans tous les cas, sauf quand P est vraie et Q fausse, car le bon sens indique que le vrai entraîne seulement le vrai, tandis que le faux peut entraîner le vrai comme le faux. Le tableau de vérité suivant définit donc la proposition $P \Rightarrow Q$:

P	Q	$P \Rightarrow Q$
V	V	V
V	F	F
F	V	V
F	F	V

On peut ainsi raisonnablement dire que le faux implique n'importe quoi, et que le vrai est impliqué par n'importe quoi.

Pour démontrer qu'une implication $P \Rightarrow Q$ est vraie, on n'a pas à s'inquiéter que l'assertion P soit vraie ou fausse, on doit seulement supposer que P est vraie et démontrer qu'alors Q est vraie. Le modus ponens s'écrit :

$$\left. \begin{array}{l} P \text{ vraie} \\ P \Rightarrow Q \text{ vraie} \end{array} \right\} \Rightarrow Q \text{ vraie}$$

de sorte que pour montrer qu'une assertion Q est vraie, il faut démontrer que deux assertions sont vraies, c'est-à-dire que P est vraie et que $P \Rightarrow Q$ est vraie. Cette remarque est importante car peut facilement être mal comprise. Et comme le faux peut logiquement impliquer du faux, on risque de se sentir mal à l'aise, comme dans la question suivante :

Exercice 1 *L'implication $1 = 0 \Rightarrow 10 \leq 3$ est-elle vraie ? Si oui, démontrez-là.*

Solution — Le faux peut impliquer le faux. L'assertion $1 = 0$ est fausse, mais l'assertion $10 \leq 3$ l'est aussi, donc il n'y a pas de raison pour que l'implication $1 = 0 \Rightarrow 10 \leq 3$ soit fausse. D'ailleurs, on peut prouver que cette implication est vraie en écrivant :

$$1 = 0 \;\Rightarrow\; \underbrace{1 + ... + 1}_{10 \text{ fois}} = 0 + ... + 0 \;\Rightarrow\; 10 = 0.$$

2.1. LE RAISONNEMENT DÉDUCTIF

De $10 = 0$ et $0 \leq 3$ on déduit $10 \leq 3$, et l'on a ainsi démontré que l'implication $1 = 0 \Rightarrow 10 \leq 3$ est vraie. On n'en déduira pas pour autant que l'assertion $10 \leq 3$ est vraie, car pour démontrer cela, il faudrait encore démontrer que $1 = 0$ est une assertion vraie, ce qui permettrait d'utiliser la règle du *modus ponens*. Ici il y a peu d'espoir de conclure de cette façon. ∎

Voici une liste de propriétés que l'on peut démontrer en construisant des tables de vérité, même s'il n'est pas interdit de les déduire les unes des autres quand cela est possible :

(1) $P \wedge \neg P$ est toujours fausse.

(2) $P \vee \neg P$ est toujours vraie.

(3) $\neg(\neg P) \Leftrightarrow P$.

(4) *Commutativité* :

$$\begin{aligned}(4.1) \quad P \wedge Q &\Leftrightarrow Q \wedge P \\ (4.2) \quad P \vee Q &\Leftrightarrow Q \vee P.\end{aligned}$$

(5) *Associativité* :

$$\begin{aligned}(5.1) \quad P \wedge (Q \wedge R) &\Leftrightarrow (P \wedge Q) \wedge R \\ (5.2) \quad P \vee (Q \vee R) &\Leftrightarrow (P \vee Q) \vee R.\end{aligned}$$

si bien que l'on pourra parler des assertions $P \wedge Q \wedge R$ et $P \vee Q \vee R$ sans prêter à confusion.

(6) *Distributivité* :

$$\begin{aligned}(6.1) \quad P \wedge (Q \vee R) &\Leftrightarrow (P \wedge Q) \vee (P \wedge R) \\ (6.2) \quad P \vee (Q \wedge R) &\Leftrightarrow (P \vee Q) \wedge (P \vee R).\end{aligned}$$

(7) *Lois de Morgan* :

$$\begin{aligned}(7.1) \quad \neg(P \wedge Q) &\Leftrightarrow (\neg P) \vee (\neg Q) \\ (7.2) \quad \neg(P \vee Q) &\Leftrightarrow (\neg P) \wedge (\neg Q).\end{aligned}$$

(8) $(P \Rightarrow Q) \Leftrightarrow (\neg P \vee Q)$ (voir §. 3.4.1 p. 60).

(9) *Contraposition* : $(P \Rightarrow Q) \Leftrightarrow (\neg Q \Rightarrow \neg P)$ (voir §. 3.4.1 p. 60).

(10) $(P \Leftrightarrow Q) \Leftrightarrow (P \Rightarrow Q) \wedge (Q \Rightarrow P)$.

(11) *Négation d'une implication* : $\neg(P \Rightarrow Q) \Rightarrow (P \wedge \neg Q)$.

(12) *Transitivité de l'implication* : $((P \Rightarrow Q) \wedge (Q \Rightarrow R)) \Rightarrow (P \Rightarrow R)$.

(13) *Transitivité de l'équivalence* : $((P \Leftrightarrow Q) \wedge (Q \Leftrightarrow R)) \Rightarrow (P \Leftrightarrow R)$.

(14) *Disjonction de cas* : $((P \vee Q) \wedge (P \Rightarrow R) \wedge (Q \Rightarrow R)) \Rightarrow R$
(voir §. 3.2.1 p. 46).

A titre d'exercice, démontrons que les propriétés (7.1) et (14) sont vraies en construisant des tables de vérité. Pour (7.1) il faut montrer que l'équivalence $\neg(P \wedge Q) \Leftrightarrow (\neg P) \vee (\neg Q)$ est toujours vraie, donc on construit le tableau :

P	Q	$P \wedge Q$	$\neg P$	$\neg Q$	$\neg(P \wedge Q)$	$(\neg P) \vee (\neg Q)$	(7.1)
V	V	V	F	F	F	F	V
V	F	F	F	V	V	V	V
F	V	F	V	F	V	V	V
F	F	F	V	V	V	V	V

La dernière colonne ne contient que des V, donc l'équivalence (7.1) est toujours vraie. Le tableaux suivant permet de démontrer que la propriété (14) : $((P \vee Q) \wedge (P \Rightarrow R) \wedge (Q \Rightarrow R)) \Rightarrow R$ est vraie. Dans ce tableau, on a posé $A = (P \vee Q)$, $B = (P \Rightarrow R)$ et $C = (Q \Rightarrow R)$:

P	Q	R	$P \vee Q$	$P \Rightarrow R$	$Q \Rightarrow R$	$A \wedge B$	$A \wedge B \wedge C$	(14)
V	V	V	V	V	V	V	V	V
V	V	F	V	F	F	F	F	V
V	F	V	V	V	V	V	V	V
V	F	F	V	F	V	F	F	V
F	V	V	V	V	V	V	V	V
F	V	F	V	V	F	V	F	V
F	F	V	F	V	V	F	F	V
F	F	F	F	V	V	F	F	V

La colonne correspondant à l'affirmation (14) ne contient que des V, donc l'assertion (14) est vraie.

Si une assertion dépendante de deux assertions P et Q est vraie quelles que soient les valeurs de vérité de P et Q, on dit qu'il s'agit d'une **tautologie**. L'assertion (14) est donc une tautologie eu égard aux affirmations P, Q et R.

Si une assertion dépendante de deux assertions P et Q est fausse quelles que soient les valeurs de vérité de P et Q, on dit qu'il s'agit d'une **antilogie**.

2.1.3 Prédicats et quantificateurs

Un **prédicat** est « une propriété des objets de l'univers du discours exprimée dans le langage en question » [39]. Cette propriété peut porter sur :

2.1. LE RAISONNEMENT DÉDUCTIF

- des objets : on parle de prédicat unaire (ou à une indéterminée),
- des couples d'objets : on parle de prédicat binaire (ou à 2 indéterminées),
- des triplets d'objets : on obtient un prédicat ternaire,
- etc.

Par exemple $P(x)$: « $x \geq 10$ » est un prédicat à une indéterminée sur $\mathbb{R}$. Un réel x vérifie le prédicat $P(x)$ si $P(x)$ est vrai.

En écrivant l'inégalité $x \geq 10$, on a utilisé une formule ouverte, c'est-à-dire une formule où intervient une variable libre. On aurait pu bien sûr écrire cette variable différemment, par exemple $P(\xi)$: « $\xi \geq 10$ ». Cette variable, muette, ne sert qu'à tester le prédicat lorsqu'on lui fait prendre une valeur. C'est une indéterminée.

$Q(x, y)$: « $x^2 + y^2 \leq 1$ » est un prédicat binaire. Le symbole = définit aussi un prédicat binaire : il s'agit de l'égalité bien connue.

Soient E un ensemble et $P(x)$ un prédicat unaire. La phrase :

$$\forall x \in E \quad P(x)$$

signifie que tous les éléments x de E vérifient le prédicat $P(x)$, autrement dit que l'assertion $P(x)$ est vraie pour n'importe quel x appartenant à E. Le symbole « $\forall$ » se lit « quel que soit ». C'est un **quantificateur**.

On définit aussi le quantificateur « il existe » que l'on écrit « $\exists$ ». La phrase :

$$\exists x \in E \quad P(x)$$

signifie qu'il existe au moins un élément x_0 de E qui vérifie le prédicat $P(x)$. On peut aussi définir le symbole « $\exists!$ » qui signifie qu'il existe un et un unique élément de l'ensemble qui satisfait le prédicat.

Nous nous bornerons à rappeler les deux règles fondamentales suivantes concernant l'utilisation des prédicats :

(1) *Négation* :

(1.1) $\quad \neg(\forall x \in E \quad P(x)) \Leftrightarrow \exists x \in E \quad \neg P(x)$

(1.2) $\quad \neg(\exists x \in E \quad P(x)) \Leftrightarrow \forall x \in E \quad \neg P(x).$

(2) *Distributivité* :

(2.1) $\quad (\forall x \in E \quad P(x) \wedge Q(x)) \Leftrightarrow (\forall x \in E \quad P(x)) \wedge (\forall x \in E \quad Q(x))$

(2.2) $\quad (\exists x \in E \quad P(x) \vee Q(x)) \Leftrightarrow (\exists x \in E \quad P(x)) \vee (\exists x \in E \quad Q(x)).$

Il faut parfois savoir prendre la négation d'une proposition pour pouvoir mener une démonstration. Par exemple, on sait qu'une application $f : I \to \mathbb{R}$ d'un intervalle réel I dans $\mathbb{R}$ est uniformément continue sur I si et seulement si :

$$\forall \varepsilon > 0 \quad \exists \eta > 0 \quad \forall x, y \in I \quad |x - y| \leq \eta \Rightarrow |f(x) - f(y)| \leq \varepsilon.$$

La négation de cette proposition s'écrit :

$$\exists \varepsilon > 0 \quad \forall \eta > 0 \quad \exists x, y \in I \quad |x - y| \leq \eta \text{ et } |f(x) - f(y)| > \varepsilon$$

et caractérise les applications f qui ne sont pas uniformément continues sur I. Pour obtenir cette négation, on a changé la nature des quantificateurs en suivant la règle (1) donnée plus haut, et l'on a écrit la négation d'une implication (propriété 11 p. 19). Des exemples d'utilisation de cette négation sont à retrouver dans les exercices 7 p. 32, 51 p. 73 et 52 p. 74.

2.2 Induction et abduction

2.2.1 Sciences formelles et sciences expérimentales

Les sciences formelles, appelées aussi sciences logico-formelles, développent des théories axiomatiques en admettant au départ un certain nombre d'énoncés de base appelés « axiomes », puis en appliquant les règles du raisonnement déductif pour obtenir d'autres assertions vraies.

Les sciences formelles sont au nombre de trois : la mathématique, la logique et l'informatique théorique.

Dans le cadre d'une théorie mathématique, une affirmation est vraie si on peut la déduire d'autres affirmations vraies qui toutes se déduisent des axiomes de la théorie.

De par leur nature même, les sciences expérimentales (comme la chimie, la physique, l'astronomie, la biologie...) ont besoin d'une validation par l'expérience. Une proposition ne peut être validée que si elle rend bien compte du phénomène observé. Dans ces domaines, une « vérité » n'est jamais totalement acquise car a sans cesse besoin d'être validée par l'observation, et il arrive d'ailleurs que certaines vérités ne le soient plus au regard des découvertes qui sont faites : il suffit de penser à Galilée et à la découverte du mouvement de la Terre autour du soleil pour s'en persuader.

A l'opposé, la géométrie euclidienne plane telle qu'elle est décrite dans l'axiomatique d'Euclide-Hilbert ne sera jamais remise en question en tant que théorie abstraite, et n'a pas besoin d'être validée par l'expérience.

2.2. INDUCTION ET ABDUCTION

Dans un tel contexte, si les raisonnements déductifs sont les seuls à mériter véritablement le nom de « raisonnements », d'autres procédés cognitifs doivent être constamment utilisés et jouent un rôle important dans la quête du savoir, même s'ils risquent de révulser le mathématicien ! Le contexte et la nécessité dicte sa loi.

2.2.2 Le raisonnement inductif

Le **raisonnement inductif**, ou **raisonnement par induction** consiste à affirmer que si A et B sont des assertions vraies, alors l'implication $A \Rightarrow B$ est vraie. Le raisonnement inductif peut être symbolisé par :

$$\left. \begin{array}{l} A \text{ vraie} \\ B \text{ vraie} \end{array} \right\} \Rightarrow A \Rightarrow B \text{ vraie.} \quad \text{(induction)}$$

Cette implication est surprenante, mais la table de vérité montre pourtant qu'il s'agit d'une tautologie :

A	B	$A \wedge B$	$A \Rightarrow B$	$(A \wedge B) \Rightarrow (A \Rightarrow B)$
V	V	V	V	V
V	F	F	F	V
F	V	F	V	V
F	F	F	V	V

Si A et B sont vraies, comme le vrai entraîne le vrai, on doit donc accepter que A implique B. Mais cela ne mène à rien d'exploitable dans un raisonnement mathématique, en ce sens que si l'on sait déjà que A et B sont des assertions vraies, la validité de l'implication $A \Rightarrow B$ ne permet pas de déduire quelque chose de nouveau.

L'intérêt du raisonnement inductif est ailleurs. Cette façon étonnante de raisonner est encouragée par l'observation des phénomènes naturels et l'obligation d'en tirer des conséquences. Imaginons que l'on étudie une maladie M, et qu'une étude montre que, sur un échantillon de taille importante, tous les malades atteints de la maladie M possèdent un certain virus V dans le sang. Si M désigne l'affirmation « cette personne est malade » et si V désigne l'affirmation « cette personne est porteuse du virus V », on est enclin à affirmer que la présence simultanée de la maladie et du virus n'est pas due au hasard, et qu'elle est acquise pour l'ensemble de la population, ce qui permet de déduire une relation de cause à effet et énoncer : $V \Rightarrow M$.

Dans ce raisonnement inductif, le problème réside dans le fait que l'on a seulement vérifié la simultanéité de V et M pour quelques patients, pour ensuite sauter le pas et généraliser à l'ensemble des patients.

En faisant ainsi, on émet une hypothèse. Libre à nous ensuite de procéder à de nombreux tests pour vérifier cette hypothèse. Des expérimentations répétées pourront alors mener à accepter ou réfuter la réalité de l'implication $V \Rightarrow M$. Les probabilités pourront relativiser la réalité de cette inférence en révélant, par exemple, la proportion d'expériences où la simultanéité de V et M est enregistrée.

L'implication $V \Rightarrow M$ sera considérée comme vraie si dans une certaine mesure les expériences auront confirmé la simultanéité de V et M. On dira que l'on a obtenu une preuve expérimentale de la validité de l'implication $V \Rightarrow M$. La démarche inductive permet la preuve expérimentale.

Une telle démarche a un sens dans le domaine des sciences expérimentales où toutes les affirmations doivent être validées par l'expérience. On se trouve ici aux antipodes de la construction des mathématiques où les affirmations décrites comme vraies n'ont rien à voir avec l'expérimentation, et ne peuvent être démontrées que par l'utilisation d'un raisonnement déductif plus ou moins long, construit *in fine* à partir des axiomes de la théorie dans laquelle on s'est placé.

Une vérité mathématique l'est dans une théorie donnée, indépendamment de ce qu'indique la vie réelle. Une vérité biologique est intrinsèquement liée à l'observation de la vie réelle. Il s'agit de deux mondes à part.

On retrouve ici qu'une vérité biologique peut être remise en question : il suffit que des années plus tard d'autres facteurs interviennent et que la corrélation entre V et M soit mise en défaut, pour que la vérité de l'implication $V \Rightarrow M$ soit mise en doute et remplacée par une autre relation de cause à effet. Cela n'arrive jamais en mathématiques.

Les sciences expérimentales et les sciences exactes n'ont pas la même finalité. Le contexte et les enjeux sont réellement différents. Le raisonnement inductif n'a rien à faire dans une théorie mathématique, mais joue un rôle primordial dans les sciences expérimentales en permettant de créer des connaissances à partie de nombreuses observations, dans le but de maîtriser le monde qui nous entoure. Car comment autrement pourrions-nous décrypter la nature ?

> Comment peut-on démontrer qu'une implication $A \Rightarrow B$ est vraie quand celle-ci doit rendre compte d'un phénomène réel, qui ne peut être considéré que par l'observation que l'on a de lui ?

On s'aperçoit vite que s'interdire de procéder de manière inductive revient à s'interdire de faire des hypothèses et d'avoir quelques chances de découvrir les lois naturelles. L'impossibilité de procéder autrement justifie parfaitement l'emploi du raisonnement inductif en sciences expérimentales

2.2. INDUCTION ET ABDUCTION

Citons fort à propos ce passage du livre *Le raisonnement médical : de la science à la pratique clinique*, de J.-B. Paolaggi & J. Coste :

> « L'axiome fondamental de la science médicale est (...) que celle-ci est une variété de science de la nature au même titre que la biologie.
>
> Elle n'est donc pas une science déductive. Elle est, au contraire, basée sur l'observation des faits pathologiques (mais aussi physiologiques qui servent, en même temps, de référence), s'intégrant dans un raisonnement inductif qui permet la construction de théories ou d'hypothèses. Quand cela est possible, ces hypothèses sont soumises à l'expérimentation, dont l'interprétation relève du raisonnement hypothético-déductif.
>
> La science médicale donne, en effet, lieu, comme toutes les sciences reposant sur l'observation des phénomènes de la nature, à des hypothèses qui doivent être confirmées par des expérimentations capables d'apporter les résultats nécessaires à cette confirmation. » [31]

Evidemment, une relation de cause à effet sera détruite si l'on découvre une proportion importante de contre-exemples. La vérité expérimentale devra alors être adaptée aux nouvelles recherches et aux évolutions du vivant.

Dans le raisonnement inductif, la découverte d'une relation de cause à effet est avérée à partir de l'étude de nombreux cas où cette relation est observée, et l'on se permet souvent de mettre de côté les quelques cas où la relation n'est pas observée. Dans ce contexte, on obtient une relation de cause à effet vérifiée dans un certain pourcentage de cas examinés, donc une implication qui est plus au moins vraie au sens des probabilités observées. Cela reste utile en biologie, en médecine et partout où l'expérimentation est essentielle à l'élaboration des connaissances. D'un certain point de vue, on peut dire que dans le raisonnement inductif, l'exemple paraît plus convaincant que le contre-exemple.

2.2.3 Le raisonnement abductif

Le **raisonnement abductif**, ou **raisonnement par abduction**, est un raisonnement logiquement inexact. Il consiste à partir d'une affirmation B qui est vraie, et d'une implication $A \Rightarrow B$ qui est vraie, pour en déduire que A est vraie ! En toute rigueur, un tel raisonnement est faux, mais peut néanmoins rendre service dans certains domaines.

Le raisonnement abductif peut être symbolisé en écrivant :

$$\left.\begin{array}{r} B \text{ vraie} \\ A \Rightarrow B \text{ vraie} \end{array}\right\} \Rightarrow A \text{ vraie.} \quad \text{(abduction)}$$

Cette fois-ci il ne s'agit pas d'une tautologie comme pour l'induction, puisque la table de vérité s'écrit :

A	B	$A \Rightarrow B$	$B \wedge (A \Rightarrow B)$	$(B \wedge (A \Rightarrow B)) \Rightarrow A$
V	V	V	V	V
V	F	F	F	V
F	V	V	V	F
F	F	V	F	V

L'implication annoncée est donc fausse au niveau mathématique. Mais que peut-on donc bien faire faire d'un tel raisonnement ?

L'extrait suivant permet de comprendre pourquoi il peut être parfois intéressant d'utiliser un raisonnement aussi ubuesque :

> « Bien sûr, seule la déduction est correcte. C'est le procédé mathématique par excellence. Malheureusement il est inexploitable dans les sciences basées sur l'observation des phénomènes, car les prémisses ne peuvent être valides que dans le cadre d'un modèle dont la dite validité est inconnue *a priori* (et que l'on cherche justement à valider). On ne l'utilise donc dans les sciences de la nature que dans la mesure où on se situe à l'intérieur de ce modèle.
>
> L'induction est largement utilisée dans les sciences de la nature, par l'accumulation des « Socrates » qui vérifient les prémisses. Du coup cela devient « On a rencontré beaucoup de Socrates qui étaient des hommes et qui étaient mortels. On fait le pari que tous les Socrates qui feront partie de la collection « hommes » et que l'on rencontrera à l'avenir, seront mortels. » L'induction est une généralisation.
>
> L'abduction est incorrecte, mais le pari est d'une autre nature que dans l'induction. Il s'agit d'un procédé largement utilisé dans les sciences (en archéologie et en biologie par exemple, mais aussi en physique) et dans les enquêtes de police. Sa valeur vient de ce que l'implication de la seconde prémisse est quasiment une équivalence, c'est du moins le pari qui est fait. Cela s'obtient en ajoutant des propriétés observées sur Socrate et possédées par la collection « homme » : mortel, bipède, intelligent, etc. Cela devient

2.2. INDUCTION ET ABDUCTION

> « On a observé sur Socrate toute une série de propriétés qui sont par ailleurs possédées par ce que l'on rassemble sous le nom « d'homme ». Donc Socrate fait partie de cette collection. » L'abduction est une classification.
>
> On voit ainsi qu'elle fournit une nouvelle information sur l'élément observé, à la différence de l'induction qui n'énonce qu'une propriété générale.
>
> L'abduction n'est pas une déduction fautive, car le résultat qu'elle obtient ne peut pas être obtenu de manière déductive. »
>
> ([39], article sur l'abduction)

L'exemple suivant (relevé dans [39]) est frappant. Il reprend le syllogisme classique concernant Socrate. Si l'on note H l'ensemble des hommes, M celui des mortels, et s l'individu Socrate, il suffit d'appliquer une permutation circulaire aux assertions du syllogisme pour obtenir successivement une déduction, une induction et une abduction :

Déduction (*modus ponens*) 1. Tous les hommes sont mortels, 2. Or Socrate est un homme, 3. Donc Socrate est mortel.	$\left.\begin{array}{l}(x \in H \Rightarrow x \in M) \\ s \in H\end{array}\right\} \Rightarrow s \in M$
Induction 1. Socrate est un homme, 2. Or Socrate est mortel, 3. Donc tous les hommes sont mortels.	$\left.\begin{array}{l}s \in H \\ s \in M\end{array}\right\} \Rightarrow (x \in H \Rightarrow x \in M)$
Abduction 1. Socrate est mortel, 2. Or tous les hommes sont mortels, 3. Donc Socrate est un homme.	$\left.\begin{array}{l}s \in M \\ (x \in H \Rightarrow x \in M)\end{array}\right\} \Rightarrow s \in H$

Dans l'induction décrite ici, il y a, de plus, un passage du particulier au général : on suppose que les affirmations $s \in H$ et $s \in M$ sont vraies (on les a testées dans le cas particulier de l'homme qui s'appelle Socrate), puis on généralise brutalement en sous-entendant qu'elles demeurent vraies pour un objet quelconque de la catégorie des « Socrates », autrement dit, on affirme que $x \in H$ et $x \in M$. On conclut enfin que $x \in H \Rightarrow x \in M$ en reprenant l'implication énoncée au début de la Section 2.2.2.

Tout cela semble bien abusif, et les sciences logico-formelles ne retiendront que le raisonnement déductif.

2.2.4 L'induction en mathématiques

Voici ce que l'on peut lire dans l'article sur les raisonnements de Wikipedia :

> « Un raisonnement est dit déductif s'il ne s'appuie que sur la règle de déduction ; il est dit hypothétique s'il s'appuie sur au moins l'une des règles d'abduction ou d'induction.
>
> Seule la déduction conserve la cohérence d'une théorie : si la théorie initiale est cohérente, alors toute théorie qui en est une conséquence déductive reste cohérente. » [39]

La mathématique n'est donc pas une science **hypothético-déductive** comme la biologie ou la médecine, car elle n'autorise que des raisonnements déductifs. On dit que la mathématique est une science **logico-déductive**, une science basée sur la déduction logique de ses propositions.

Mais l'induction est utilisée en mathématiques dès qu'il s'agit de faire émerger une conjecture après avoir observé un certain nombre de cas. En géométrie, par exemple, on peut utiliser un logiciel de géométrie dynamique comme Geogebra pour tracer les médiatrices des trois côtés d'un triangle, puis faire varier le triangle pour constater que ces médiatrices passent toujours par un même point.

Quel que soit le triangle dessiné, les médiatrices concourent. Raisonner par induction consiste ici à affirmer qu'il en est toujours ainsi, et donc qu'avoir un triangle entraîne toujours que les trois médiatrices concourent. En mathématiques, cela ne constitue pas une preuve suffisante, mais l'observation de plusieurs cas particuliers incite à émettre une hypothèse, à faire une conjecture.

Le travail n'est pas terminé pour autant : il faudra ensuite essayer de démontrer ou d'infirmer la conjecture établie. En mathématiques donc, ce n'est pas l'expérimentation mais le raisonnement déductif qui va décider si l'implication conjecturée est vraie ou non.

L'induction permet d'émettre une conjecture, et la méthode scientifique demande ensuite de vérifier si cette conjecture est valide ou pas. Cette vérification sera expérimentale dans les sciences de la nature, mais uniquement déductive en mathématiques.

Dans le cadre d'un enseignement des mathématiques, il est important de bien remarquer que **si l'expérimentation à l'aide de logiciels permet de conjecturer et de s'approprier un résultat en le regardant sur un écran, cette expérimentation ne suffit pas et demande à être complétée par la recherche d'une preuve rigoureuse, et déductive, dont on ne pourra jamais faire l'économie.**

Chapitre 3

Les raisonnements mathématiques

3.1 Raisonnement direct

3.1.1 Description

Ce type de raisonnement, appelé aussi « raisonnement déductif direct » ou « raisonnement déductif simple », est courant en mathématiques. Il se rencontre dans beaucoup de démonstrations car il est privilégié par les auteurs : entre un raisonnement par l'absurde et un raisonnement direct, on privilégie souvent le raisonnement direct.

On suppose qu'une propriété A est vraie, et l'on montre qu'une propriété B en découle en utilisant les règles de la logique déductive et en utilisant toutes les propriétés dont on dispose. On démontre donc directement l'implication : « si A est vraie alors B est vraie » soit :

$$A \Rightarrow B.$$

Le raisonnement déductif direct est donc basé sur la règle du *modus ponens* suivant laquelle :

$$\left.\begin{array}{l} A \text{ vraie} \\ A \Rightarrow B \text{ vraie} \end{array}\right\} \Rightarrow B \text{ vraie}.$$

Il faut veiller à ne pas confondre l'affirmation « $A \Rightarrow B$ est vraie » et l'affirmation « A est vraie et $A \Rightarrow B$ est vraie », car seule cette dernière affirmation entraîne que « B est vraie ». Autrement dit, l'implication $A \Rightarrow B$ peut être vraie sans que B le soit, il suffit pour cela que A ne soit pas vraie (Exercice 1 p. 18).

Le raisonnement direct consiste aussi à démontrer qu'une proposition A entraîne une proposition B en utilisant un certain nombre de propositions intermédiaires suivant le schéma :

$$A \Rightarrow P_1 \Rightarrow P_2 \Rightarrow ... \Rightarrow P_n \Rightarrow B \qquad (C)$$

qui utilise un nombre fini de pas. La chaîne d'implications (C) a le mérite de montrer clairement l'hypothèse initiale (la propriété A) et la conclusion où l'on aboutit (la propriété B). On comprend bien où se trouve le point de départ A, et l'on sent que l'on s'approche à chaque pas du point d'arrivée du raisonnement en B.

A n'importe quel moment on peut faire appel à une proposition vraie pour la combiner et obtenir une conséquence. Par exemple, dans la chaîne d'implications (C), on peut rappeler une propriété vraie T_1 (un axiome, un théorème, un résultat acquis...) et l'utiliser avec P_1 pour déduire P_2. Cela n'apparaît pas dans la chaîne d'implications (C) telle qu'on l'a écrite, mais cela demeure sous-entendu. Dans le diagramme ci-dessous, P_1 allié à la propriété T_1 permet de déduire P_2. On peut encore dire qu'il s'agit d'un raisonnement déductif direct.

$$A \Rightarrow P_1 \Rightarrow P_2 \Rightarrow P_3 \Rightarrow \cdots \Rightarrow P_n \Rightarrow B$$
$$\quad\ T_1 \nearrow\ \ T_2 \nearrow$$
$$\qquad\qquad\ T_3$$

C'est en ce sens que le raisonnement déductif donné à l'Exercice 12 p. 38 (preuve du Théorème de la droite des milieux) peut être considéré comme direct.

3.1.2 Exemples

Voici quelques exemples de raisonnements déductifs directs faisant intervenir des nombres :

Exercice 2 *{[4] §.68.2} Démontrer que pour tout entier relatif n, le nombre $16n^2 - 48n + 33$ est un entier naturel.*

Solution — Soit $n \in \mathbb{Z}$. Comme $\mathbb{Z}$ est un anneau, c'est un ensemble stable par addition et multiplication, donc le nombre $N = 16n^2 - 48n + 33$ appartient à $\mathbb{Z}$. On a :
$$N = 16n^2 - 48n + 33 = 4(2n-3)^2 - 3$$
et l'on remarque que $2n - 3 \in \mathbb{Z}^*$. Ainsi $|2n-3| \geq 1$ donc $(2n-3)^2 \geq 1$. On en déduit que $N = 4(2n-3)^2 - 3 \geq 4 - 3 = 1$, donc que $N \in \mathbb{N}$. ∎

3.1. RAISONNEMENT DIRECT

Exercice 3 *{[4] §.68.2}* Montrer que pour tout $x \in \mathbb{Q}_+^*$ il existe $n \in \mathbb{N}$ tel que $n > x$.

Solution — Un nombre rationnel strictement positif x s'écrit $x = p/q$ avec $p, q \in \mathbb{N}^*$. Si l'on prend $n = 2p$, on peut écrire :

$$n = 2p > p \geq \frac{p}{q} = x$$

donc $n = 2p$ répond à la question. ∎

Quand on regarde l'Exercice 3, on ne peut s'empêcher de penser que la conclusion vient du fait que $\mathbb{Q}$ est archimédien. Pour bien se rappeler ce que cela signifie, voici deux exercices tirés de [22] qui donnent encore l'occasion d'écrire des raisonnements directs :

Exercice 4 Montrer que $\mathbb{Q}$ est archimédien.

Solution — Dire que le corps $\mathbb{Q}$ est archimédien revient à dire que :

$$\forall x \in \mathbb{Q}_+^* \quad \forall y \in \mathbb{Q} \quad \exists n \in \mathbb{N} \quad y < nx.$$

Posons $x = p/q$ et $y = r/s$ avec $p, q, s \in \mathbb{N}$, $r \in \mathbb{Z}$, et $pqs \neq 0$. La compatibilité de la relation $\leq$ et de la multiplication permet d'écrire :

$$y < nx \Leftrightarrow rq < n \times ps$$

et l'existence d'un entier naturel n vérifiant cette inégalité $rq < n \times ps$ provient directement du caractère archimédien de $\mathbb{Z}$ (Exercice 5). ∎

Exercice 5 Montrer que $\mathbb{Z}$ est archimédien.

Solution — Il s'agit de montrer que :

$$\forall x \in \mathbb{N}^* \quad \forall y \in \mathbb{Z} \quad \exists n \in \mathbb{N} \quad y < nx.$$

Si $y \leq 0$, alors $y \leq 0 < x$ donc $n = 1$ convient. Si $y > 0$, on multiplie les deux membres de l'inégalité $1 \leq x$ par y pour obtenir $y \leq yx < (y+1)x$, et l'on peut choisir $n = y + 1$. ∎

Le syllogisme suivant, utilisé en terminale, semble évident, mais pose des problèmes à de nombreux élèves qui ne voient pas facilement que la suite est décroissante minorée :

Exercice 6 *Montrer que la suite $(u_n)_{n\in\mathbb{N}^*}$ de terme général $u_n = 1/n^2$ est convergente.*

Solution — Toute suite décroissante et minorée est convergente, or la suite (u_n) est décroissante et minorée, donc la suite (u_n) est convergente. ∎

> En analyse, voici un raisonnement direct qui ne peut être mené que si l'on sait prendre la négation d'une proposition où intervient des quantificateurs et des implications :

Exercice 7 *Montrer que la fonction f de $\mathbb{R}$ dans $\mathbb{R}$ qui à x associe $f(x) = x^2$ n'est pas uniformément continue sur $\mathbb{R}$.*

Solution — Dire que f est uniformément continue sur $\mathbb{R}$, revient à dire que :
$$\forall \varepsilon > 0 \quad \exists \eta > 0 \quad \forall x, y \in \mathbb{R} \quad |x - y| \leq \eta \Rightarrow |x^2 - y^2| \leq \varepsilon.$$

Il s'agit donc de montrer la négation de cette affirmation, autrement dit que :
$$\exists \varepsilon > 0 \quad \forall \eta > 0 \quad \exists x, y \in \mathbb{R} \quad |x - y| \leq \eta \text{ et } |x^2 - y^2| > \varepsilon.$$

Si $\eta > 0$ est donné, il suffit de prendre $x = y + \eta$ pour avoir $|x - y| \leq \eta$. On a alors :
$$x^2 - y^2 = (x - y)(x + y) = \eta(2y + \eta).$$

Rien ne nous empêche de choisir $y = 1/\eta$ pour avoir :
$$x^2 - y^2 = 2 + \eta^2 \geq 2.$$

En conclusion, il existe $\varepsilon = 3/2$ tel que, pour tout $\eta > 0$, il existe deux réels $y = 1/\eta$ et $x = \eta + 1/\eta$ tels que $|x - y| \leq \eta$ et $|x^2 - y^2| \geq 2 > 3/2$. Cela permet de conclure. ∎

> On trouve de nombreux raisonnements directs en géométrie, et les premiers exemples qui viennent à l'esprit sont peut-être les preuves des concourances des droites remarquables d'un triangle :

Exercice 8 *a) Montrer que les trois médiatrices d'un triangle non aplati sont concourantes.*
b) Soit ABC un triangle non aplati. Montrer qu'il existe un et un seul cercle qui passe par les sommets de ce triangle.

3.1. RAISONNEMENT DIRECT

Solution & commentaires — La question a) se résout facilement en raisonnant de façon directe, tandis que la réponse à la question b) demande de raisonner par analyse-synthèse. L'exercice a été volontairement partagé en deux parties pour insister sur la différence entre ces deux raisonnements.

De nombreux candidats au CAPES ont des difficultés pour répondre à un jury d'oral qui revient sur ces preuves et demande d'expliciter complètement leur raisonnement. En posant cette question, l'objectif du jury est de déterminer si le candidat est capable de raisonner juste et d'expliquer son raisonnement.

Soit ABC un triangle non aplati.

a) Soient Δ_A, Δ_B, Δ_C les médiatrices des côtés $[BC]$, $[CA]$ et $[AB]$. Les droites Δ_A et Δ_B ne sont pas parallèles, sinon (BC) et (CA) seraient perpendiculaires à une même direction, donc parallèles, et les points A, B et C seraient alignés, absurde.

Donc les médiatrices Δ_A et Δ_B se coupent en un point O, ce qui entraîne $OB = OC$ et $OC = OA$, puis $OB = OA$, et cette dernière égalité montre que O appartient à Δ_C.

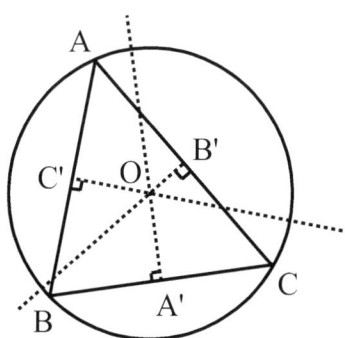

FIG. 3.1 – Les trois médiatrices d'un triangle

b) *Analyse* — Si un cercle $\mathcal{C}$ passe par les sommets A, B, C du triangle, son centre O vérifie $OA = OB = OC$, donc appartient aux trois médiatrices du triangle. C'est donc le point de concours de ces trois médiatrices, dont l'existence a été prouvée dans la question précédente. Le rayon de $\mathcal{C}$ est nécessairement OA. En conclusion : si $\mathcal{C}$ existe, il est unique et c'est le cercle de centre O et de rayon OA

Synthèse — Soit O le point de concours des médiatrices du triangle ABC. Celui-ci existe d'après a). Le cercle $\mathcal{C}$ de centre O et de rayon OA contient évidemment les points A, B et C puisque $OA = OB = OC$. ∎

Exercice 9 *Montrez que les trois médianes d'un triangle non aplati sont concourantes.*

Solution & commentaires — Notons A', B', C' les milieux des côtés $[BC]$, $[CA]$, $[AB]$ d'un triangle ABC non aplati. On admet ici que les médianes (AA') et (BB') ne peuvent pas être parallèles (voir [23] Question 59 pour une preuve qui utilise la convexité des demi-plans) et se coupent en G.

Sur la FIG. 3.2 on a tracé le symétrique G' de G par rapport à A'. Le quadrilatère $BGCG'$ est un parallélogramme puisque ses diagonales se coupent en leur milieu. Comme B' est le milieu de $[AC]$ et comme $(B'B)//(CG')$, le Théorème de la droite des milieux montre que G est le milieu de $[AG']$. Mais alors, comme $(CG)//(BG')$, et comme la droite (CG) passe par le milieu de $[AG']$, ce même théorème montre que (CG) coupe (AB) en C'' milieu de $[AB]$. Cela montre que G appartient à la troisième médiane issue de C du triangle ABC. ∎

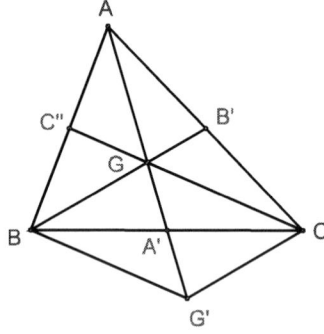

FIG. 3.2 – Point de concours des médianes

Exercice 10 *Démontrer que les trois hauteurs d'un triangle sont concourantes.*

Solution & commentaires — Il existe beaucoup de preuve de la concourance des hauteurs d'un triangle, et l'on en trouvera six différentes et toutes intéressantes en [25], Question 139. Voici une preuve directe très rapide obtenue après le « parachutage » de l'identité de Stewart :

$$\overrightarrow{MA}.\overrightarrow{BC} + \overrightarrow{MB}.\overrightarrow{CA} + \overrightarrow{MC}.\overrightarrow{AB} = 0$$

vérifiée pour n'importe quels points M, A, B, C du plan.

3.1. RAISONNEMENT DIRECT

Comme deux hauteurs d'un triangle sont toujours concourantes (sinon elles seraient parallèles, les côtés sur lesquels elles tombent seraient parallèles, et le triangle serait aplati), on peut considérer l'intersection M des hauteurs issues de A et B. L'identité de Stewart donne alors $\overrightarrow{MC}.\overrightarrow{AB} = 0$ et prouve que M appartient à la dernière hauteur. ∎

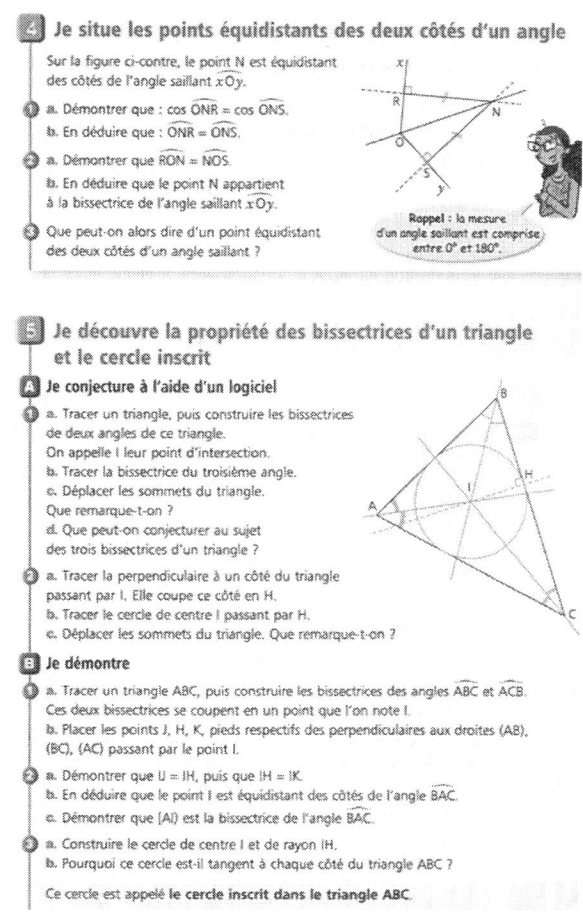

FIG. 3.3 – Ex. 4 et 5 p. 243 du *Nouveau Prisme Maths* 4e (éd. 2011)

Question 1 *Montrer que les bissectrices intérieures d'un triangle ABC sont concourantes.*

Solution & commentaires — La méthode directe classique consiste à dire qu'un point appartient à la bissectrice intérieure issue de A du triangle ABC

si, et seulement si, il est à égale distance des supports des côtés [AB] et [AC] du triangle. Armé de ce résultat, et si l'on suppose connu que deux bissectrices intérieures se coupent en un point I, par exemples les bissectrices intérieures issues de A et B, alors I est à égale distance des supports des côtés [AB] et [AC], mais aussi [AB] et [BC], donc I est à égale distance des supports des côtés [BC] et [AC], ce qui prouve que I est sur la bissectrice intérieure issue de C.

Oui mais voilà : le résultat utilisé est abusif, et quand on le démontre en collège on se restreint en fait aux seuls points appartenant aux trois secteurs angulaires saillants $\widehat{[ABC]}$, $\widehat{[BCA]}$ et $\widehat{[CBA]}$, donc à l'intérieur du triangle. Les choses ne sont pas aussi simples et demandent des compléments de démonstration qu'il ne sera pas si facile de donner... Le lecteur qui désire approfondir cette approche est invité à lire les réponses aux Questions 119 et 120 de [23].

Si l'on peut légitimement se satisfaire d'un raisonnement comme celui indiqué sur la FIG. 3.3 quand on l'utilise dans une classe de collège sans soulever de vague, on peut difficilement ne pas se préparer à des attaques justifiées contre les étapes d'un tel raisonnement. Par exemple, même en se restreignant aux points situés à l'intérieur du triangle, qui me dit que l'intersection I de deux bissectrices intérieures se trouve à l'intérieur du triangle, donc à l'endroit où je peux justement continuer ce raisonnement ?

Le « parachutage » du point I barycentre des sommets A, B, C affectés des coefficients a, b, c est un moyen efficace de débuter un raisonnement direct inattaquable. Ce point I est défini par :

$$\overrightarrow{AI} = \frac{b}{a+b+c}\overrightarrow{AB} + \frac{c}{a+b+c}\overrightarrow{AC}.$$

Si M et N sont définis par :

$$\overrightarrow{AM} = \frac{b}{a+b+c}\overrightarrow{AB} \quad \text{et} \quad \overrightarrow{AN} = \frac{c}{a+b+c}\overrightarrow{AC}$$

comme sur la FIG. 3.4, alors $\overrightarrow{AI} = \overrightarrow{AM} + \overrightarrow{AN}$ donc $AMIN$ est un parallélogramme. Par ailleurs :

$$AM = \frac{bc}{a+b+c} = AN.$$

donc le quadrilatère $AMIN$ est donc un losange. On en déduit que la droite (AI) est l'axe de symétrie du couple de demi-droites $([AB), [AC))$, donc, par définition, la bissectrice intérieure D_A issue de A du triangle ABC. On montrerait de la même façon que I appartient aux bissectrices intérieures D_B et D_C issues de B et C. ∎

3.1. RAISONNEMENT DIRECT

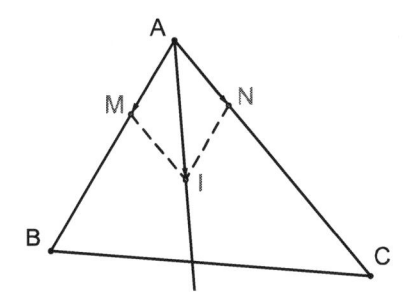

FIG. 3.4 – Un losange bien placé

Exercice 11 *Deux cercles $\mathcal{C}$ et $\mathcal{C}'$ de centres O et O' se coupent en deux points distincts A et B. Montrer que les droites (OO') et (AB) sont perpendiculaires (FIG. 3.5).*

Solution — Si l'on note r et r' les rayons de $\mathcal{C}$ et $\mathcal{C}'$, on a $OA = OB = r$ et $O'A = O'B = r'$, donc les points O et O' appartiennent à la médiatrice de $[AB]$. La droite (OO') est donc égale à la médiatrice de $[AB]$, et cela implique que (OO') est perpendiculaire à (AB). ∎

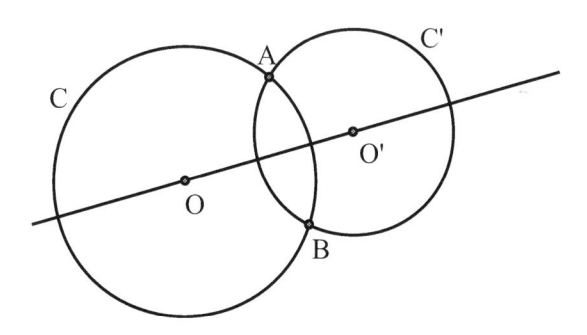

FIG. 3.5 – Montrer que (OO') et (AB) sont perpendiculaires

Voici un exemple plus long extrait du volume V de la collection *Acquisition des fondamentaux pour les concours* [24], qui a le mérite de montrer des déductions enchaînées avec à chaque fois un apport de connaissances provenant d'une autre partie du cours de quatrième, comme par exemple le résultat classique liant un triangle rectangle et le cercle de diamètre l'hypoténuse. La richesse des enchaînements montre toute l'efficacité du raisonnement déductif.

Exercice 12 *On se place au niveau de la classe de quatrième. Plus précisément, on suppose que l'on dispose des propriétés et caractérisations usuelles du rectangle, ainsi que de l'équivalence entre les assertions « le triangle ABM est rectangle en M » et « M appartient au cercle de diamètre [AB] », mais on demande que le Théorème de Thalès ou sa réciproque ne soient pas utilisés dans les raisonnements proposés. En respectant ces contraintes, démontrer les trois résultats suivants connus sous le nom de « Théorème de la droite des milieux » :*

a) La droite joignant les milieux de deux côtés d'un triangle est parallèle au troisième côté.

b) Si I (resp. J) est le milieu de [AB] (resp. [AC]), alors $BC = 2IJ$.

c) La droite passant par le milieu d'un côté d'un triangle et parallèle à un autre côté coupe le troisième côté en son milieu.

Solution — a) Sur la FIG. 3.6 on a tracé les milieux I et J des côtés $[AB]$ et $[AC]$ du triangle ABC. Soit H le pied de la hauteur issue de A du triangle ABC.

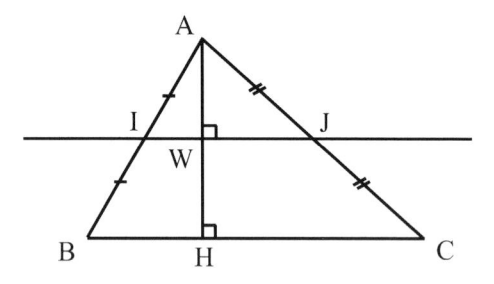

FIG. 3.6 – Droite des milieux

Le triangle AHC est rectangle en H, donc H appartient au cercle de diamètre $[AC]$, et $JA = JH$. Le point J appartient donc à la médiatrice de $[AH]$. En recommençant de la même façon avec le triangle rectangle ABH, on constate que I appartient aussi à la médiatrice de $[AH]$. On en déduit que (IJ) est égale à la médiatrice de $[AH]$, et qu'à ce titre (IJ) est perpendiculaire à (AH).

Les droites (IJ) et (BC) seront donc parallèles, puisque perpendiculaires à la même droite (AH).

b) *Première solution* — Sur la FIG. 3.7, nous avons tracé le milieu K de $[BC]$. La question a) montre que les côtés opposés du quadrilatère $IKCJ$ sont deux à deux parallèles. On en déduit que $IKCJ$ est un parallélogramme, et donc que $IJ = KC$. On obtient alors $BC = 2KC = 2IJ$ comme annoncé.

3.1. RAISONNEMENT DIRECT

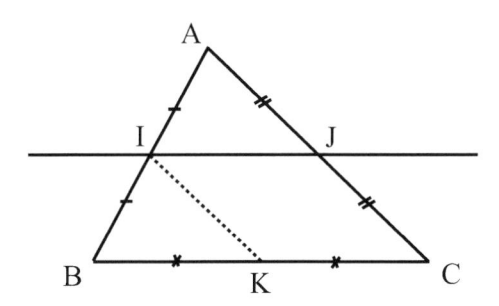

FIG. 3.7 – Réinvestissement de la question a)

Seconde solution — Plaçons-nous dans le cas de la FIG. 3.6 où $H \in [BC]$ (les deux autres cas de figures se traitant de la même façon) et notons U et V les milieux de $[HC]$ et $[HB]$. On vérifie comme précédemment que (UJ) et (VI) sont les médiatrices respectives de $[HC]$ et $[HB]$. On en déduit que les quadrilatères $WHUJ$ et $WHVI$ possèdent chacun trois angles droits, donc sont des rectangles. Par conséquent :

$$\begin{cases} WJ = HU = UC \\ IW = HV = VB \end{cases}$$

et $BC = BH + HC = 2VH + 2HU = 2IW + 2WJ = 2IJ$.

Remarque — Le raisonnement proposé dans la seconde solution doit être répété dans chacun des trois cas de figures qui correspondent à la position relative de H par rapport aux points B et C. Si l'on ne se place plus au niveau quatrième et si l'on s'autorise à utiliser des mesures algébriques, les trois démonstrations n'en donnent plus qu'une : pour s'en persuader, il suffit de remplacer toutes les distances écrites plus haut par des mesures algébriques.

c) Si Δ est une droite parallèle à (BC) qui passe par le milieu I de $[AB]$, elle coupe (AC) en un point J'. Si J désigne le milieu de $[AC]$, la question a) montre que (IJ) est parallèle à (BC). Les droites Δ et (IJ) sont donc toutes les deux parallèles à (BC), et passent par le même point I. Elles sont donc égales, et $J' = J$. ∎

3.1.3 Partir de la conclusion

Dans sa thèse de doctorat de didactique [1], André Antibi propose une classification intrinsèque des problèmes en deux catégories : ceux où la conclusion est connue et ceux où elle ne l'est pas.

La conclusion d'un problème est connue quand on demande de démontrer une propriété, par exemple quand on demande de prouver qu'un certain quadrilatère est un losange, ou encore de démontrer que l'on a l'égalité :

$$1 + q + q^2 + ... + q^n = \frac{1 - q^{nn+1}}{1 - q}$$

dès que q est un réel différent de 1.

La conclusion n'est pas connue quand le problème est ouvert ou quand on ne donne pas d'indication précise sur la conclusion, par exemple quand on demande de rechercher les racines d'une équation, de déterminer un lieu de points, ou encore de découvrir si une fonction continue d'intégrale nulle est forcément identiquement nulle.

Pour résoudre un problème, on peut toujours procéder de façon classique en partant d'une hypothèse A pour aboutir à une conclusion B après avoir utilisé un certain nombre d'implications successives. C'est le raisonnement direct dont on a parlé. Ce raisonnement est symbolisé par le schéma :

$$A \Rightarrow P_1 \Rightarrow P_2 \Rightarrow ... \Rightarrow P_n \Rightarrow B. \qquad (C)$$

Mais si l'on connaît déjà la conclusion B, deux nouvelles possibilités s'offrent à nous. On peut alors :

Raisonner par l'absurde — Cela consiste à supposer que $\neg B$ est vraie pour aboutir à une absurdité. Comme le vrai ne peut pas entraîner le faux, on en déduit que $\neg B$ est fausse, donc que B est vraie. Nous reparlerons de ce type de raisonnement à la Section 3.5 p. 64.

Raisonner en partant de la conclusion — Si l'on ne voit vraiment pas quelle propriété P_1 démontrer à partir de A pour espérer construire une chaîne d'implications (C) jusqu'à B, pourquoi perdre son temps et ne pas essayer de partir de la conclusion B pour chercher une propriété équivalente qui se rapproche de l'assertion A ? Si conserver l'équivalence avec B est impossible, pourquoi faudrait-il s'interdire de rechercher une condition suffisante P_n pour que B soit réalisée ? Cela revient à avancer à reculons pour écrire $P_n \Rightarrow B$ en espérant compléter le diagramme (C) en commençant par la fin, et c'est une excellente méthode.

> Les Exercices 13 et 14 sont donnés en exemple par André Antibi et analysés dans sa thèse pour montrer l'utilité de la recherche d'une démonstration en partant de la conclusion :

3.1. RAISONNEMENT DIRECT

Exercice 13 *a) Soient a, b, c trois réels positifs ou nuls tels que $a \leq b+c$. Montrer l'inégalité :*
$$\frac{a}{1+a} \leq \frac{b}{1+b} + \frac{c}{1+c}.$$

b) Soit d une distance sur un ensemble E. Montrer que l'application d' suivante est une distance sur E :
$$d' = \frac{d}{1+d}.$$

Solution — a) Le plus efficace est de partir de la conclusion et d'essayer de conserver des équivalences le plus longtemps possible pour traduire cette conclusion en des termes plus simples. La propriété :

$$(P) \qquad \frac{a}{1+a} \leq \frac{b}{1+b} + \frac{c}{1+c}$$

équivaut successivement à :

$$\begin{aligned} a(1+b)(1+c) &\leq b(1+a)(1+c) + c(1+a)(1+b) \\ a + ab + ac + abc &\leq b + c + ab + ac + 2bc + 2abc \\ a &\leq b + c + 2bc + abc. \quad (Q) \end{aligned}$$

Comme les réels a, b, c sont positifs, $abc \geq 0$ donc :

$$a \leq b+c \Rightarrow a \leq b+c+2bc+abc.$$

Cela prouve que l'assertion (Q) est vraie, et donc que l'assertion équivalente (P) l'est aussi.

La démonstration que l'on vient de donner est facile, et pourtant, dans sa thèse [1], Antibi note qu'une faible proportion d'étudiants et d'enseignants testés sur cette question trouvent une bonne réponse. Cela s'explique par une sorte d'interdiction qu'il y aurait à partir de la conclusion pour raisonner correctement. Voici une preuve directe de la propriété (P) plus difficile à trouver et qui n'apporte rien de plus en terme de rigueur :

Autre solution — On vérifie aisément que la fonction de $\mathbb{R}_+$ dans $\mathbb{R}_+$ qui à x associe :
$$f(x) = \frac{x}{1+x}$$
est croissante. De $a \leq b+c$ on tire $f(a) \leq f(b+c)$ soit :
$$\frac{a}{1+a} \leq \frac{b+c}{1+b+c}.$$

Cela s'écrit :

$$\frac{a}{1+a} \leq \frac{b}{1+b+c} + \frac{c}{1+b+c}.$$

Comme b et c sont positifs, on en déduit que :

$$\frac{a}{1+a} \leq \frac{b}{1+b+c} + \frac{c}{1+b+c} \leq \frac{b}{1+b} + \frac{c}{1+c}.$$

b) On a $d'(x,y) = 0 \Leftrightarrow d(x,y) = 0 \Leftrightarrow x = y$. Il est par ailleurs évident que $d'(x,y) = d'(y,x)$ quels que soient $(x,y) \in E^2$. Pour que d' soit une distance sur E, il ne reste plus qu'à démontrer l'inégalité triangulaire, c'est-à-dire :

$$\forall x, y, z \in E \quad d'(x,y) \leq d'(x,z) + d'(z,y).$$

Il suffit de poser $a = d(x,y)$, $b = d(x,z)$ et $c = d(z,y)$ pour que le problème se ramène à démontrer l'assertion :

$$\forall a, b, c \in \mathbb{R} \quad \frac{a}{1+a} \leq \frac{b}{1+b} + \frac{c}{1+c},$$

et l'on reconnaît l'objet de la question a). ∎

Exercice 14 *Soit x un nombre réel tel que $x \geq \sqrt{3}$. Démontrer que :*

$$\frac{1}{2}\left(x + \frac{3}{x}\right) \geq \sqrt{3}.$$

Solution — Il s'agit d'un extrait de devoir proposé en classe de seconde en 1988. Il n'est pas vraiment aisé de partir de l'hypothèse $x \geq \sqrt{3}$ pour aboutir à la conclusion désirée :

$$\frac{1}{2}\left(x + \frac{3}{x}\right) \geq \sqrt{3}. \quad (C)$$

L'exercice devient trivial si l'on s'autorise à partir de la conclusion et à écrire que, sous réserve que x soit strictement positif :

$$\begin{aligned}(C) &\Leftrightarrow x^2 + 3 \geq 2x\sqrt{3} \\ &\Leftrightarrow x^2 - 2x\sqrt{3} + 3 \geq 0 \\ &\Leftrightarrow (x - \sqrt{3})^2 \geq 0.\end{aligned}$$

La dernière assertion étant vraie, on peut affirmer qu'il en est de même de (C). On a démontré un peu plus que ce qui était demandé puisque l'affirmation (C) sera vraie pour tout $x \in \mathbb{R}_+^*$. ∎

3.1.4 Egalité de deux ensembles

On démontre une égalité entre deux ensemble en démontrant deux inclusions, ce qui revient à démontrer deux implications.

De cette façon, on prouve directement l'égalité d'ensembles : on utilise deux raisonnements directs. Bien sûr, il faut prendre garde de ne pas oublier une inclusion, sous peine de produire un raisonnement faux.

Les deux photographies suivantes montrent la recherche du noyau d'une application linéaire f dans le cahier d'un élève de terminale C en 1974, celui de l'auteur [21]. Par chance, l'inclusion réciproque n'a pas été oubliée, sinon il en aurait coûté !

La matrice de l'endomorphisme f est $\begin{bmatrix} 3 & -4 & -2 \\ 4 & -7 & -4 \\ -5 & 10 & 6 \end{bmatrix}$

1°/ f n'est pas bijective ? Détermination de Nf.

a) Nf ?

$Nf = \{\vec{u}, \vec{u} \in E_3 \ / \ f(\vec{u}) = \vec{0}\}$

Si $\vec{u}(x, y, z)$, alors : $\begin{cases} 3x - 4y - 2z = 0 & (1) \\ 4x - 7y - 4z = 0 & (2) \\ -5x + 10y + 6z = 0 & (3) \end{cases}$

(1) et (2) : $\begin{cases} 3x - 4y = 2z \\ 4x - 7y = 4z \end{cases}$

$D = \begin{vmatrix} 3 & -4 \\ 4 & -7 \end{vmatrix} = -21 + 16 = -5$

donc $x = \dfrac{\begin{vmatrix} 2z & -4 \\ 4z & -7 \end{vmatrix}}{-5} = \dfrac{-14z + 16z}{-5} = -\dfrac{2}{5}z$

et $y = \dfrac{\begin{vmatrix} 3 & 2z \\ 4 & 4z \end{vmatrix}}{-5} = \dfrac{12z - 8z}{-5} = -\dfrac{4}{5}z$

Dans (1) :
$$3x - 4y - 2z = 0$$
$$3\left(-\frac{2}{5}z\right) - 4\left(-\frac{4}{5}z\right) - 2z = 0$$
$$-6z + 16z - 10z = 0$$
$$0z = 0 \quad \text{vérifié} \quad \forall z \in \mathbb{R}.$$

L'ensemble N_f est donc inclu dans la droite vectorielle $(\vec{D})$ d'équations paramétriques :

$$(\vec{D}) \begin{cases} x = -\frac{2}{5}\lambda \\ y = -\frac{4}{5}\lambda \\ z = \lambda \end{cases} \quad \forall \lambda \in \mathbb{R}$$

en prenant $\lambda = -5\mu$, $\forall \mu \in \mathbb{R}$,

$$(\vec{D}) \begin{cases} x = 2\mu \\ y = 4\mu \\ z = -5\mu \end{cases} \quad \mu \in \mathbb{R}$$

Inversement, $\forall \vec{u} \in (\vec{D})$, $\vec{u} \in N_f$?

$\vec{u} \in (\vec{D}) \longmapsto \vec{u}(2\mu, 4\mu, -5\mu)$.

Alors, en désignant par $\vec{v}$ l'image de $\vec{u}$:

$$\vec{v}(x', y', z') : \begin{cases} x' = 3(2\mu) - 4(4\mu) - 2(-5\mu) = 0 \\ y' = 4(2\mu) - 7(4\mu) - 4(-5\mu) = 0 \\ z' = -5(2\mu) + 10(4\mu) + 6(-5\mu) = 0 \end{cases}$$

Donc $\underline{N_f = \vec{D}}$, à savoir $(\vec{D}): \begin{cases} x = 2\mu \\ y = 4\mu \\ z = -5\mu \end{cases}$

Une base de N_f est $\vec{a_1}(2, 4, -5)$

$\underline{f \text{ est-elle surjective ?}}$

Évidemment non puisque $N_f \neq \{\vec{0}\}$ (cf question précédente).

3.1. RAISONNEMENT DIRECT

Pour terminer, voici un exercice d'arithmétique suivi d'une solution fausse qui mériterait 0/20 si on devait la noter. Sauriez-vous découvrir où ce se trouve cette erreur ? [Réponse page 132]

Exercice 15 *Résoudre l'équation $233x + 79y = 1$ en nombres entiers.*

Solution — Posons $(E) : 233x + 79y = 1$. L'algorithme d'Euclide des divisions successives s'écrit :

$$(T) \begin{cases} 233 = 79 \times 2 + 75 \\ 79 = 75 \times 1 + 4 \\ 75 = 4 \times 18 + 3 \\ 4 = 3 \times 1 + 1. \end{cases}$$

Le dernier reste non nul est 1, donc pgcd $(233, 79) = 1$ et l'équation (E) admet une infinité de solutions. Pour obtenir une solution particulière, on écrit le dernier reste obtenu 1 en fonction des restes qui précèdent, soient 4 et 3, puis on utilise les divisions de l'algorithme d'Euclide pour « remonter jusqu'aux premiers restes écrits », et enfin à 233 et 79. Cela donne :

$$\begin{aligned} 1 &= 4 - 3 \\ &= 4 - (75 - 4 \times 18) \\ &= 4 \times 19 - 75 \\ &= (79 - 75) \times 19 - 75 \\ &= 79 \times 19 - 75 \times 20 \\ &= 79 \times 19 - (233 - 79 \times 2) \times 20 \\ &= 79 \times 59 - 233 \times 20. \end{aligned}$$

Ainsi :

$$233x + 79y = 1 \Leftrightarrow 233x + 79y = 79 \times 59 - 233 \times 20$$
$$\Leftrightarrow 233(x + 20) = 79(59 - y).$$

Par le Théorème de Gauss, 233 divise $59 - y$, donc il existe $u \in \mathbb{Z}$ tel que $59 - y = 233u$. On obtient $233(x + 20) = 79 \times 233u$ d'où $x + 20 = 79u$. En conclusion l'ensemble des solutions de (E) est formé par les couples (x, y) appartenant à $\mathbb{Z}^2$ tels que :

$$\exists u \in \mathbb{Z} \quad \begin{cases} x = -20 + 79u \\ y = 59 - 233u. \end{cases} \blacksquare$$

3.2 Raisonnement par disjonction de cas

3.2.1 Description

Pour démontrer que l'implication $A \Rightarrow B$ est vraie, on distingue un ensemble complet de conclusions possibles obtenues à partir de la propriété A, disons les propriétés $A_1, A_2, ..., A_n$, puis on démontre chacune des implications $A_1 \Rightarrow B$, $A_2 \Rightarrow B$, ..., $A_n \Rightarrow B$. On procède donc suivant le schéma :

$$A \Rightarrow \begin{cases} A_1 \\ \text{ou} \\ A_2 \\ \text{ou} \\ \vdots \\ \text{ou} \\ A_n \end{cases} \quad \text{puis} \quad \begin{cases} A_1 \Rightarrow B \\ A_2 \Rightarrow B \\ \vdots \\ A_n \Rightarrow B \end{cases}$$

Cela revient à envisager des cas, c'est-à-dire rajouter des hypothèses supplémentaires à l'assertion A pour pouvoir avancer dans la démonstration, en prenant bien garde d'envisager tous les cas possibles et ne pas en oublier un seul.

La disjonction de cas peut aussi être représentée par l'implication suivante, qui est toujours vraie comme on l'a déjà expliqué (propriété 14 p. 20) :

$$(A_1 \vee A_2) \wedge (A_1 \Rightarrow B) \wedge (A_2 \Rightarrow B) \quad \Rightarrow \quad B.$$

Voyons un exemple. Supposons que nous devons démontrer que le nombre $N = n(2n+1)(7n+1)$ est divisible par 3 quel soit l'entier relatif n. Cela revient à démontrer l'implication :

$$A \Rightarrow B$$

où A est l'affirmation « n est un entier relatif » et B l'affirmation « 3 divise N ». Comme un entier relatif ne peut être congru qu'à 0, 1 ou 2 modulo 3, on obtient :

$$A \Rightarrow (A_0 \text{ ou } A_1 \text{ ou } A_2)$$

en posant $A_i = $ « $n \equiv i\ (3)$ » pour $i \in [\![1,3]\!]$, et tout revient à démontrer que $A_0 \Rightarrow B$, que $A_1 \Rightarrow B$ et que $A_2 \Rightarrow B$. Dans la pratique, on rédige la démonstration en envisageant trois cas :

- Si $n \equiv 0\ (3)$, alors $N = n(2n+1)(7n+1) \equiv 0 \times 1 \times 1 \equiv 0\ (3)$ donc 3 divise N.

3.2. RAISONNEMENT PAR DISJONCTION DE CAS

- Si $n \equiv 1\ (3)$, alors $N = n(2n+1)(7n+1) \equiv 1 \times 0 \times 2 \equiv 0\ (3)$ donc 3 divise N.

- Si $n \equiv 2\ (3)$, alors $N = n(2n+1)(7n+1) \equiv 2 \times 2 \times 0 \equiv 0\ (3)$ donc 3 divise N.

Dans tous les cas, on montre que l'assertion B est vraie. On peut donc affirmer que A entraîne B. On a procédé par disjonction de cas.

On peut présenter le raisonnement par disjonction de cas en évitant de parler d'implications, mais en mettant plutôt l'accent sur une propriété vérifiée par des éléments d'un ensemble.

Si l'on désire montrer que tous les éléments d'un ensemble E vérifient une certaine propriété, et si cela est trop difficile, on considère une partition finie $\{E_1, ..., E_m\}$ de E et l'on essaye de démontrer que chaque élément de E_i vérifie cette propriété, pour i variant de 1 à m.

En procédant ainsi, on remplace le problème concernant E en un nombre fini de problèmes du même type dont les hypothèses ont été renforcées, et qui du coup risquent d'être plus faciles à résoudre. Même en cas d'échec, cette méthode permet de définir certaines parties de E sur lesquelles la propriété est vérifiée, et donc comprendre plus précisément où se trouve la difficulté. La méthode revient ainsi à « diviser pour régner ».

> Raisonner par disjonction de cas sur un ensemble consiste à définir une partition finie de cet ensemble, puis à raisonner sur chacune des parties de celle-ci.

C'est ce que l'on fait dans l'exercice :

Exercice 16 *(Extrait de [22]) Montrer que $n^5(n^{16}-1)$ est divisible par 17 quel que soit l'entier naturel n.*

Solution — Comme 17 est un nombre premier, le petit Théorème de Fermat montre que $n^{16}-1$ est divisible par 17 dès que n n'est pas divisible par 17. On envisage donc deux cas. Si 17 ne divise pas n, alors 17 divise $n^{16}-1$ comme on vient de le dire, donc divise le produit $n^5(n^{16}-1)$. Si 17 divise n, il divise n^5 et donc encore le produit $n^2(n^4-1)$.

Si l'on ne veut pas à utiliser le Théorème de Fermat, on peut raisonner en envisageant 17 cas suivant le reste de la division de n par 17, et en s'aidant au besoin des commodités offertes par le langage des congruences. ∎

3.2.2 Un paradoxe de Lewis Carroll

La disjonction des cas permet de raisonner dans le paradoxe du crocodile de Lewis Carroll :

Exercice 17 *Un crocodile s'empare d'un bébé et propose le marché suivant à la mère : « Si tu devines ce que je vais faire, je te rends le bébé, sinon je le dévore ! ». « Tu vas le dévorer », s'écrie la mère.*

Solution & commentaires — Le crocodile laisse apparemment le choix à la mère, mais celle-ci est bonne logicienne et répond de la meilleure façon possible. En répondant que le crocodile va dévorer le bébé, elle oblige le crocodile à mentir puisque le dilemme est le suivant :

- Si le crocodile mange le bébé, la mère a raison et donc le crocodile doit rendre le bébé, ce qu'il n'est plus en mesure de faire.

- Si le crocodile rend le bébé à sa mère, la mère s'est trompée, donc le crocodile doit dévorer le bébé, ce qu'il ne peut plus faire car il l'a déjà rendu.

Dans les deux cas, le crocodile est parjure et ne peut respecter sa parole. Dans ces circonstances, va-t-il rendre le bébé ? Rien n'est moins sûr, et Lewis Carroll conclut en disant que l'animal n'ayant aucun moyen de satisfaire le sens de l'honneur, sera contraint d'agir en accord avec sa nature.

Pourtant la mère a répondu du mieux qu'elle pouvait. Si elle avait dit « Tu vas me rendre le bébé », deux cas se seraient présentés :

- Si le crocodile mange le bébé, la mère a tort donc le crocodile doit manger le bébé, ce qu'il a déjà fait, donc tout va bien.

- Si le crocodile rend le bébé, la mère a raison et le crocodile doit rendre le bébé, comme il l'a fait d'ailleurs.

Dans ce cas le crocodile ne sera jamais parjure, qu'il rende ou qu'il mange le bébé. Il pourra donc choisir de le manger tout en conservant une bonne conscience ! C'est bien ce que l'on peut lire dans le livre *Aha ! Gotcha aha ! Insight* de Martin Gardner dont un extrait est proposé à la FIG. 3.8. ∎

3.2.3 Exemples

En collège, voici une démonstration par disjonction de cas utilisée en cinquième :

Exercice 18 *Montrer que deux droites D et D' perpendiculaires à une même troisième droite Δ sont parallèles.*

3.2. RAISONNEMENT PAR DISJONCTION DE CAS

Crocodile and Baby

FIG. 3.8 – Dans un livre de Martin Gardner

Solution — Si D et D' se coupent en un point M, alors D et D' sont toutes deux perpendiculaires à Δ et passent par M, donc $D = D'$ puisqu'il existe une et une seule perpendiculaire à une droite passant par un point. Dans ce cas D et D' sont parallèles. Si D et D' ne se coupent pas, elles sont parallèles (par définition du parallélisme strict). ∎

L'exemple suivant est extrait d'un manuel de terminal S destiné aux élèves qui suivent l'enseignement de spécialité :

Exercice 19 *Montrer que $N = n(n+1)(2n+1)$ est divisible par 3 quel que soit l'entier n.*

Solution — On envisage trois cas suivant les restes de la division euclidienne de n par 3 :
  - Si $n \equiv 0\ [3]$ alors 3 divise n donc N est divisible par 3.
  - Si $n \equiv 1\ [3]$ alors $2n + 1 \equiv 0[3]$ donc N est divisible par 3.
  - Si $n \equiv 2\ [3]$ alors $n + 1 \equiv 0[3]$ donc N est divisible par 3.

Dans tous les cas $N = n(n+1)(2n+1)$ est divisible par 3. ∎

Voici d'autres exemples donnés sous forme d'exercices :

Exercice 20 *Dans une contrée vivent uniquement des gueux et des chevaliers. Les chevaliers disent toujours la vérité, mais les gueux mentent irrémédiablement. Vous rencontrez deux hommes A et B. Soudain A dit que B est un chevalier, et B affirme que vous êtes devant un gueux et un chevalier. Qui sont A et B ?*

Solution — Raisonnons par disjonction de cas : ou bien A est un gueux, ou bien c'est un chevalier.

Premier cas — Si A est un gueux, il ment, donc B est un gueux, mais B ment aussi quand il affirme que l'on est en présence d'un gueux et d'un chevalier, donc nous sommes devant deux gueux et nous n'avons pas trouvé d'impossibilité.

Second cas — Si A est un chevalier, il dit la vérité donc B est un chevalier. On en déduit que B dit la vérité quand il affirme que l'on est en présence d'un gueux et d'un chevalier. Mais alors A et B ne peuvent pas être simultanément des chevaliers comme on le suppose, ce qui est absurde.

Le second cas ne se produira jamais, donc nous sommes toujours dans la premier cas, et l'on peut conclure que A et B sont des gueux. ∎

Exercice 21 *Montrer que pour tous nombres réels a et b :*

$$\mathrm{Max}(a,b) = \frac{1}{2}\left(a+b+|a-b|\right) \quad et \quad \mathrm{Min}(a,b) = \frac{1}{2}\left(a+b-|a-b|\right).$$

Solution — Montrons seulement la première égalité, puisque l'autre se démontre de la même manière. On envisage deux cas :

- Si $a \geq b$, alors $a - b \geq 0$ donc :

$$\frac{1}{2}(a+b+|a-b|) = \frac{1}{2}(a+b+(a-b)) = a = \mathrm{Max}(a,b).$$

- Si $a < b$, alors $a - b < 0$ donc :

$$\frac{1}{2}(a+b+|a-b|) = \frac{1}{2}(a+b-(a-b)) = b = \mathrm{Max}(a,b). \blacksquare$$

Exercice 22 *Résoudre dans $\mathbb{R}$ l'équation :*

$$\left|x^2 - 6x + 8\right| = 2x - 7 \quad (E)$$

3.2. RAISONNEMENT PAR DISJONCTION DE CAS

Solution — On a $x^2 - 6x + 8 = (x-2)(x-4)$ donc on envisage deux cas suivant le signe de ce trinôme.

- Si $x \in]-\infty, 2] \cup [4, +\infty[$ le trinôme $x^2 - 6x + 8$ reste positif, donc l'équation (E) s'écrit :
$$x^2 - 6x + 8 = 2x - 7.$$

Dans ce cas :

$$(E) \Leftrightarrow x^2 - 8x + 15 = 0 \Leftrightarrow (x-3)(x-5) = 0 \Leftrightarrow \begin{cases} x = 3 \\ \text{ou} \\ x = 5. \end{cases}$$

La solution $x = 3$ est à rejeter car n'appartient pas $]-\infty, 2] \cup [4, +\infty[$. La solution $x = 5$ peut être retenue.

- Si $x \in]2, 4[$, le trinôme $x^2 - 6x + 8$ reste négatif, et sous cette hypothèse (E) équivaut à :
$$-x^2 + 6x - 8 = 2x - 7$$

Ici :
$$(E) \Leftrightarrow x^2 - 4x + 1 = 0 \Leftrightarrow x = 2 \pm \sqrt{3}.$$

Comme $2 - \sqrt{3} \leq 2$ et $2 + \sqrt{3} \in]2, 4[$, on ne retiendra que la solution $x = 2 + \sqrt{3}$.

En conclusion, l'équation (E) admet exactement deux solutions dans $\mathbb{R}$, à savoir les nombres 5 et $2 + \sqrt{3} \simeq 3,732$.

Remarque — La FIG. 3.9 montre la droite d'équation $y = 2x - 7$ et la représentation graphique de la fonction qui à x associe $|x^2 - 6x + 8|$, ce qui permet de comprendre graphiquement pourquoi certaines solutions sont à rejeter dans le raisonnement par disjonction de cas. ∎

Exercice 23 *(Extrait de [22]) Dans un anneau principal, on note $a \wedge b$ et $a \vee b$ les pgcd et ppcm de a et b. Montrer les formules de distributivité :*

$$(1) \quad a \vee (b \wedge c) = (a \vee b) \wedge (a \vee c),$$
$$(2) \quad a \wedge (b \vee c) = (a \wedge b) \vee (a \wedge c).$$

Solution — Un anneau principal est factoriel. On peut donc utiliser des décompositions en éléments irréductibles pour définir les pgcd et ppcm de deux éléments. Si p est irréductible, notons v_p la valuation p-adique sur A. Si $A = a \vee (b \wedge c)$ et $B = (a \vee b) \wedge (a \vee c)$, montrer que $A = B$ revient à montrer que $v_p(A) = v_p(B)$ pour tout irréductible p. On a :

$$\begin{cases} v_p(A) = \text{Max}\,(v_p(a), v_p(b \wedge c)) = \text{Max}\,(v_p(a), \text{Min}\,(v_p(b), v_p(c))) \\ v_p(B) = \text{Min}\,(v_p(a \vee b), v_p(a \vee c)) \\ \qquad\quad = \text{Min}\,(\text{Max}\,(v_p(a), v_p(b)), \text{Max}\,(v_p(a), v_p(c))). \end{cases}$$

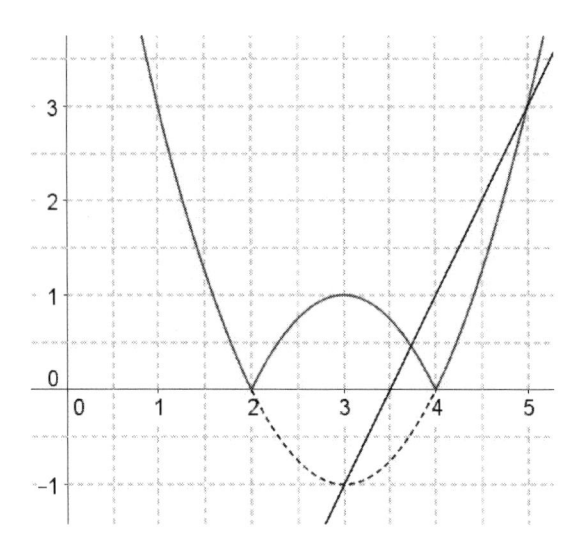

FIG. 3.9 – Interprétation graphique

Dans les formules demandées, b et c jouent des rôles symétriques. Pour p fixé, on peut donc toujours supposer que $v_p(b) \leq v_p(c)$ quitte à échanger les notations de b et c.

On a ensuite trois cas à envisager suivant la position de $v_p(a)$ par rapport à $v_p(b)$ et $v_p(c)$. On envisage donc chacun de ces trois cas possibles (la disjonction de cas est ici !).

Par exemple, si $v_p(a) \leq v_p(b) \leq v_p(c)$, les expressions précédentes deviennent :

$$\begin{cases} v_p(A) = \text{Max}\,(v_p(a), v_p(b)) = v_p(b) \\ v_p(B) = \text{Min}\,(v_p(b), v_p(c)) = v_p(b) \end{cases}$$

et l'on obtient bien $v_p(A) = v_p(B)$. Dans les deux autres cas, c'est-à-dire lorsque $v_p(b) \leq v_p(a) \leq v_p(c)$ ou $v_p(b) \leq v_p(c) \leq v_p(a)$, on procèderait de la même façon et l'on aboutirait à la même conclusion. L'égalité (2) se démontrerait exactement de la même manière. ∎

Exercice 24 *Trois frères Alfred, Bernard et Claude ont des crayons de couleurs différentes : bleu, rouge et vert. Les assertions suivantes sont vraies :*
  - Si le crayon d'Alfred est vert, alors le crayon de Bernard est bleu ;
  - Si le crayon d'Alfred est bleu, alors le crayon de Bernard est rouge ;
  - Si le crayon de Bernard n'est pas vert, alors le crayon de Claude est bleu ;
  - Si le crayon de Claude est rouge, alors le crayon d'Alfred est bleu.

3.3. RAISONNEMENT PAR CONTRE-EXEMPLE

Que peut-on conclure sur la couleur respective des crayons d'Alfred, Bernard et Claude ? Y a-t-il plusieurs possibilités ?

Solution — On va émettre des hypothèses sur la couleur du crayon d'Alfred. Si l'on déduit que le crayon d'un autre est à la fois de deux couleurs différentes ou que deux frères ont des crayons de même couleur, cela signifiera que notre hypothèse est fausse, et nous conduira à faire une autre hypothèse, jusqu'à trouver une ou des réponses possibles.

- Supposons que le crayon d'Alfred soit vert, alors celui de Bernard est bleu. Le crayon de Bernard n'étant pas vert cela entraîne que le crayon de Claude soit bleu. Deux frères ont des crayons de même couleur donc notre hypothèse est fausse.

- Supposons que le crayon d'Alfred soit bleu, alors le crayon de Bernard est rouge. Le crayon de Bernard n'étant pas vert cela entraine que le crayon de Claude soit bleu. Deux frères ont encore des crayons de même couleur donc notre hypothèse est fausse.

- Nécessairement le crayon d'Alfred est rouge. Si le crayon de Bernard était bleu, il ne serait pas vert donc le crayon de Claude serait bleu, ce qui ne se peut pas. Donc le crayon de Bernard est vert, et celui de Claude est bleu. ∎

3.3 Raisonnement par contre-exemple

3.3.1 Description

Le raisonnement par contre-exemple peut être décrit ainsi. Soit un ensemble E. Si $x \in E$, on considère une propriété $P(x)$ concernant x, qui peut être vraie ou fausse. Pour démontrer qu'une affirmation du type :

$$\forall x \in E \quad P(x)$$

est fausse, on peut démontrer que sa négation :

$$\exists x \in E, \ \neg P(x)$$

est vraie (le symbole $\neg$ représente la négation de la propriété, et se lit « non »). Cela revient à exhiber au moins un élément x de E tel que la propriété $P(x)$ soit fausse.

On utilise un contre-exemple pour infirmer une propriété présentée comme générale. C'est ce que l'on fait constamment dans la vie de tous les jours sans forcément s'en rendre compte : par exemple, si l'on entend quelqu'un affirmer que tous les chats sont gris, on rétorque immédiatement que c'est faux puisqu'on connaît des chats roux et des chats noirs, même si la nuit tous les chats sont gris. Voilà une façon de raisonner simple et efficace !

Au XVIIe siècle, le mathématicien français Pierre de Fermat émit la conjecture que tous les nombres de la forme $F_n = 2^{2^n} + 1$ (où $n \in \mathbb{N}$) étaient premiers. Il fallut attendre 1732 pour que Leonhard Euler démontre que cette conjecture était fausse en prouvant que $F_5 = 4\,294\,967\,297$ était divisible par 641. Bon calculateur, il exhibait ainsi un contre-exemple qui infirmait la conjecture de Fermat.

Voici un autre exemple :

Exercice 25 *(Ecrit du CAPLP externe 2013) Si f et g sont deux fonctions définies sur $\mathbb{R}$, telles que $\lim\limits_{x \to +\infty} f(x) = +\infty$ et $\lim\limits_{x \to +\infty} g(x) = -\infty$, peut-on en déduire que $\lim\limits_{x \to +\infty} [f(x) + g(x)] = 0$? Justifiez.*

Solution — C'est faux, puisque si f et g sont définies sur $\mathbb{R}$ par $f(x) = x^2$ et $g(x) = -x$, alors $\lim_{x \to +\infty} f(x) = +\infty$ et $\lim_{x \to +\infty} g(x) = -\infty$ bien que $f(x) + g(x)$ vaille $x^2 - x$ et tende vers $+\infty$ quand x tend vers $+\infty$. ∎

La recherche de contre-exemples est souvent liée au raisonnement par l'absurde. Comme on le verra, dans un raisonnement par l'absurde, pour démontrer qu'une assertion $\mathcal{A}$ est vraie, on suppose l'affirmation contraire c'est-à-dire que la négation $\neg \mathcal{A}$ de $\mathcal{A}$ est vraie, et l'on essaie d'en déduire une absurdité. Il n'est pas rare que cette absurdité soit la découverte d'un contre-exemple.

Proposer un contre-exemple permet d'infirmer une assertion, mais il ne faut pas croire que trouver de nombreux exemples où une propriété est vérifiée suffise pour conclure que cette propriété est vraie en toute généralité. Dans les petites classes, on apprend vite que ce n'est pas en vérifiant que l'égalité :

$$(x-1)(x-5) = x^2 - 6x + 5$$

est satisfaite quand x prend un nombre fini de valeurs que l'on a démontré que cette égalité est vraie pour tout nombre réel x.

3.3.2 Exemples

On montre qu'une affirmation générale est fausse en présentant un contre-exemple. Si l'on entend dire que « tous les camionneurs sont des hommes », on répondra que l'on connaît une femme dont le métier est de conduire des camions. Voici deux utilisations d'un raisonnement par contre-exemple au collège, le premier en cinquième,

3.3. RAISONNEMENT PAR CONTRE-EXEMPLE

le second en troisième. La production d'un contre-exemple permet de réfuter une proposition et donne l'occasion au collégien de maîtriser le sens des énoncés mathématiques et la quantification universelle implicite :

Exercice 26 *La propriété suivante est-elle vraie ou fausse : deux rectangles de même périmètre ont-ils aussi la même aire ?*

Solution — La propriété est fausse. Si l'on prend deux rectangles de mesures 3×2 et 4×1 (en cm), le périmètre du premier est $(3+2) \times 2 = 10$ cm, tout comme celui du second puisque $(4+1) \times 2 = 10$ cm. Pourtant l'aire du premier est $3 \times 2 = 6$ cm^2, et celle du second $4 \times 1 = 4$ cm^2. ∎

Exercice 27 *Peut-on dire que $\sqrt{x+y} = \sqrt{x} + \sqrt{y}$ pour tous x et y positifs ?*

Solution — C'est faux, car si $x = 4$ et $y = 9$, alors $\sqrt{x+y} = \sqrt{13} \simeq 3,605$ et pourtant $\sqrt{x} + \sqrt{y} = \sqrt{4} + \sqrt{9} = 2 + 3 = 5$. ∎

Le raisonnement par contre-exemple est utilisé très tôt dans l'enseignement des mathématiques, dès l'école primaire, et fait appel à l'expérience des élèves. Dans un livre qui décrit avec moult détails cinq situations d'apprentissage dans des classes de collège, Gilbert Arsac et al. [3] interroge les élèves d'une classe de cinquième avec l'activité suivante :

Exercice 28 *Dans l'expression suivante $n \times n - n + 11$, si on remplace n par n'importe quel entier naturel, obtient-on toujours un nombre qui a exactement deux diviseurs ?*

Solution et commentaires — Quatre séances d'une heure sont décrites dans le livre d'Arsac [3] :
- une séance préliminaire sur la recherche de diviseurs,
- une séance de recherche du problème en groupe,
- un débat collectif entre élèves sur les solutions trouvées,
- un retour individuel.

On vérifie facilement que pour $n = 0, 1, ..., 10$, le nombre $N = n^2 - n + 11$ est premier, mais que pour $n = 11$, N est égal à 121 qui n'est par premier car possède trois diviseurs 1, 11 et 121. Il suffit donc de dire que $n = 11$ nous fournit un contre-exemple pour affirmer que la propriété énoncée est fausse, mais les divers groupes d'élèves vont s'affronter pour expliquer leurs points de vue et tenter de se convaincre. Le livre conserve de nombreux témoignage de ces mathématiques vivantes où les arguments doivent être découverts, expliqués et défendus, comme on le voit dans l'extrait proposé dans la FIG. 3.10. Sa lecture nous fait rentrer dans la réalité de l'enseignement actuel des mathématiques au collège. ∎

RECHERCHE EN GROUPE

En général, tous les cas possibles se présentent dans les groupes :

– ceux qui trouvent des exemples et qui en restent là :
"*on marque les calculs comme preuve*".

– ceux qui ont trouvé plusieurs nombres et qui de plus cherchent une explication :
"*Il faut trouver une explication, on ne va pas mettre sur l'affiche : parce que j'ai fait un exemple, j'ai trouvé un nombre premier !*"
"*On a fait plusieurs exemples*"
"*On n'a pas pris tous les nombres*"
"*Mais on ne va pas les convaincre avec des exemples, ça ne marche pas des exemples, il faut trouver une règle*"

– ceux qui trouvent des exemples et qui pensent que "ça vient de 11". Le nombre 11 apparaît comme un nombre exceptionnel (appel à l'histoire de la classe où, aux dires du professeur, 11 et 1 sont des nombres exceptionnels).
"*Tous les autres, ça va*".

– ceux qui changent 11 en 12 afin de vérifier que "11" est la cause du phénomène.
"*Que se passe-t-il si on remplace le "11" par un autre nombre ?*"
Le fait de marquer sur le tableau (dans les consignes) : "donner une explication" entraîne un essai de justification.

– ceux qui trouvent un contre-exemple :
"*Ca ne marche pas, car pour n = 11, on n'obtient pas un nombre premier : on obtient 121 qui se divise par 11*".

FIG. 3.10 – Extrait du livre d'Arsac et al., [3] page 33

Voici quelques exemples tirés d'épreuves du CAPLP pour la plupart, et extraits du volume VI de la collection *Acquisition des fondamentaux pour les concours* [25]) :

Exercice 29 *(Ecrit du CAPLP externe 2010) Toute fonction définie et continue sur un intervalle de $\mathbb{R}$ à valeurs dans $\mathbb{R}$ est-elle dérivable sur cet intervalle ? Justifiez votre réponse complètement.*

Solution — L'affirmation est fausse. Un contre-exemple est donné par la fonction de $\mathbb{R}$ dans $\mathbb{R}$ qui à x associe la valeur absolue $|x|$. Celle-ci est définie

3.3. RAISONNEMENT PAR CONTRE-EXEMPLE

et continue sur tout $\mathbb{R}$, mais n'est pas dérivable en 0 car $\lim_{x \to 0_+}(|x|/x) = 1$ est différent de $\lim_{x \to 0_+}(|x|/x) = -1$. ∎

Exercice 30 *(Ecrit du CAPLP externe 2011) Soit f une fonction définie sur un intervalle I de $\mathbb{R}$ et soit a un nombre réel appartenant à l'intervalle I. Peut-on affirmer que, si f est continue en a, alors f est dérivable en a ? Justifiez votre réponse complètement.*

Solution — Supposons que a appartienne à l'intérieur de I. La fonction f de I dans $\mathbb{R}$ qui à x associe $|x - a|$ est continue en a sans être dérivable en a. En effet, $\lim_{x \to a} f(x) = \lim_{x \to a} |x - a| = 0 = f(a)$ puisque pour tout $\varepsilon > 0$ il existe $\eta > 0$ tel que $(|x - a| < \eta \Rightarrow |x - a| < \varepsilon)$ (prendre $\eta = \varepsilon$ tout simplement !). Ainsi f est continue en a. Mais les calculs de limites :

$$\lim_{x \to 0_+} \frac{f(x) - f(a)}{x - a} = \lim_{x \to 0_+} \frac{|x - a|}{x - a} = 1$$

et :

$$\lim_{x \to 0_-} \frac{f(x) - f(a)}{x - a} = \lim_{x \to 0_+} \frac{|x - a|}{x - a} = -1$$

montrent que la limite du taux d'accroissement $\frac{f(x)-f(a)}{x-a}$ n'existe pas quand x tend vers a (en restant différent de a). La fonction f n'est donc pas dérivable en a. ∎

Exercice 31 *(Ecrit du CAPLP 2012) Soient a et b deux réels tels que $a < b$. Si f est une fonction définie, dérivable sur l'intervalle $[a, b]$ et s'il existe un réel x_0 appartenant à $]a, b[$ tel que $f'(x_0) = 0$ alors la fonction f change de variations au moins une fois sur l'intervalle $[a, b]$. Vrai ou faux ? Justifier.*

Solution — C'est faux. L'application $f : x \mapsto x^3$ est définie et dérivable sur $\mathbb{R}$, donc *a fortiori* sur $[-1, 1]$. Elle vérifie $f'(0) = 0$ sans que f change de sens de variation en 0, ni nulle part sur l'intervalle $[-1, 1]$. En effet, pour tout $x \in \mathbb{R}$, $f'(x) = 3x^2$ est strictement positif, donc f est strictement croissante sur $\mathbb{R}$.

Exercice 32 *(Ecrit du CAPLP externe 2011) Soient f et g deux fonctions définies et continues sur l'intervalle $[2; 5]$. Si $\int_2^5 f(x)\,dx \leq \int_2^5 g(x)\,dx$, alors peut-on dire que pour tout nombre réel x appartenant à l'intervalle $[2; 5]$, on a $f(x) \leq g(x)$? Justifiez votre réponse complètement.*

Solution — Un contre-exemple est facile à trouver : il suffit de considérer la fonction g constante égale à $1/2$ sur l'intervalle $[2, 5]$, et la fonction f affine par morceaux nulle sur $[2+1/n, 5]$ (où $n \in \mathbb{N}^*$), et telle que $f(2) = 1$. L'intégrale $\int_2^5 f(x)\,dx$ est égale à l'aire du triangle hachuré sur la FIG. 3.11, soit :

$$\int_2^5 f(x)\,dx = \frac{1 \times (1/n)}{2} = \frac{1}{2n}$$

et :

$$\int_2^5 g(x)\,dx = \int_2^5 \frac{1}{2}\,dx = \left[\frac{1}{2}x\right]_2^5 = \frac{3}{2}$$

de sorte que l'on ait bien l'inégalité $\int_2^5 f(x)\,dx \leq \int_2^5 g(x)\,dx$.
Mais $f(2) = 1 > g(2) = 1/2$, donc l'assertion $f(x) \leq g(x)$ pour tout $x \in [2,5]$ est fausse.

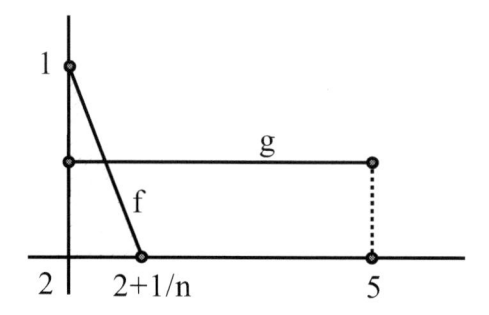

FIG. 3.11 – Contre-exemple

Extrait du rapport du jury — Plusieurs copies laissent apparaître des confusions entre les notions d'aire et d'intégrale. On relève par ailleurs souvent un manque de rigueur dans l'énoncé des contre-exemples choisis et chez de nombreux candidats une connaissance très approximative du lien entre intégrale et aire, en particulier l'incidence du signe de la fonction. Quelques candidats, pensant que la propriété est vraie, pensent la « démontrer », en donnant un exemple. ■

Voici deux exercices sur le même thème. Le second est méchamment piégé, car on a vraiment envie de répondre le contraire de ce qu'on doit si l'on connaît la question que l'on pose habituellement sur les fonctions continues d'intégrale nulle (voir exercice 44 p. 67). Pour ne pas se fourvoyer, il faudra bien se remémorer certaines définitions...

3.3. RAISONNEMENT PAR CONTRE-EXEMPLE

Exercice 33 *Soit f une application de l'intervalle $[0,1]$ dans $\mathbb{R}$. On suppose que f est positive, intégrable sur $[0,1]$, et telle que $\int_0^1 f(x)\,dx = 0$. Peut-on en déduire que f est identiquement nulle sur $[0,1]$?*

Solution — L'implication est fausse, et pour le montrer, il suffit de proposer un contre-exemple. On peut penser à la fonction f qui est nulle partout sur $[0,1[$, et telle que $f(1) = 1$. ∎

Exercice 34 *(Ecrit du CAPLP 2012) Soient a et b deux réels tels que $a < b$. Si f est une fonction définie, continue par morceaux et positive sur l'intervalle $[a,b]$ et si $\int_a^b f(t)\,dt = 0$ alors f est nulle sur l'intervalle $[a,b]$. Vrai ou faux ? Justifier.*

Solution & commentaires — C'est faux, comme le montre la fonction f définie sur $[0,2]$ qui vaut 0 si $x \in [0,1[\cup]1,2]$, et prend la valeur 1 si $x = 1$. Dans ce cas l'intégrale de f sur $[0,2]$ est nulle sans que la fonction f soit nulle.

La difficulté est de se souvenir ici de la « bonne » définition de la continuité par morceau :

> On dit qu'une fonction f est continue par morceaux sur un intervalle $[a,b]$ (où $a < b$) s'il existe une subdivision $a_0 = a < a_1 < ... < a_n = b$ de $[a,b]$ telle que f restreinte à chaque intervalle ouvert $]a_i, a_{i+1}[$ admette un prolongement continu à l'intervalle fermé $[a_i, a_{i+1}]$.

Cela signifie que f, définie sur $[a,b]$, est continue sur chacun des intervalles $]a_i, a_{i+1}[$ et possède une limite finie à droite et à gauche en chaque a_i, ces limites pouvant être distinctes entre elles.

De façon plus générale, on dit qu'une fonction f est de classe C^k sur $[a,b]$ s'il existe une subdivision $a_0 = a < a_1 < ... < a_n = b$ de $[a,b]$ telle que f restreinte à chaque intervalle ouvert $]a_i, a_{i+1}[$ admette un prolongement en une fonction de classe C^k sur $[a_i, a_{i+1}]$. ∎

Pour terminer, voici de drôles de questions :

Exercice 35 *Calculer $(\sqrt{2}^{\sqrt{2}})^{\sqrt{2}}$. Les implications suivantes sont-elles vraie :*
(1) $\alpha, \beta \notin \mathbb{Q} \;\Rightarrow\; \alpha^\beta \notin \mathbb{Q}$,
(2) $\alpha, \beta, \gamma \notin \mathbb{Q} \;\Rightarrow\; (\alpha^\beta)^\gamma \notin \mathbb{Q}$?

Solution — Les deux implications proposées sont fausses, comme on va le démontrer. On a :

$$(\sqrt{2}^{\sqrt{2}})^{\sqrt{2}} = \sqrt{2}^{\sqrt{2} \times \sqrt{2}} = \sqrt{2}^2 = 2,$$

et 2 est rationnel alors que $\sqrt{2}$ ne l'est pas. On dispose donc d'un contre-exemple qui montre que l'implication (2) est fausse.

Pour démontrer que (1) est fausse, on utilise une disjonction de cas :

- soit $\sqrt{2}^{\sqrt{2}} \in \mathbb{Q}$, et nous avons trouvé deux irrationnels $\alpha = \sqrt{2}$ et $\beta = \sqrt{2}$ tels que $\alpha^\beta \in \mathbb{Q}$;

- soit $\sqrt{2}^{\sqrt{2}} \notin \mathbb{Q}$, et il suffit de prendre $\alpha = \sqrt{2}^{\sqrt{2}}$ et $\beta = \sqrt{2}$ pour détenir deux irrationnels tels que $\alpha^\beta \in \mathbb{Q}$.

Dans tous les cas, on a trouvé un contre-exemple qui montre que l'implication (1) est fausse.

Remarque — En fait $\sqrt{2}^{\sqrt{2}}$ est un nombre transcendant, donc *a fortiori* un nombre irrationnel. Cela provient du Théorème de Gelfond-Schneider (1934) suivant lequel si α est un nombre algébrique (c'est-à-dire une racine d'un polynôme à coefficient dans $\mathbb{Q}$) différent de 0 et 1, et si β est un nombre algébrique irrationnel, alors α^β est un nombre transcendant. ∎

3.4 Raisonnement par contraposée

3.4.1 Description

Le raisonnement par contraposition utilise l'équivalence logique :

$$(A \Rightarrow B) \Leftrightarrow (\neg B \Rightarrow \neg A)) \quad (*)$$

où A et B représentent deux propositions, et où $\neg A$ et $\neg B$ désignent les négations de celles-ci (le symbole $\neg$ se lit « non »).

Montrons que l'équivalence $(*)$ est vraie. On peut commencer par vérifier que l'équivalence :

$$(A \Rightarrow B) \Leftrightarrow (\neg A \text{ ou } B) \quad (\dagger)$$

est vraie en dessinant les tables de vérité :

A	B	$A \Rightarrow B$
V	V	V
V	F	F
F	V	V
F	F	V

A	B	$\neg A$	$\neg A$ ou B
V	V	F	V
V	F	F	F
F	V	V	V
F	F	V	V

3.4. RAISONNEMENT PAR CONTRAPOSÉE

On constate que les dernières colonnes de ces tables sont identiques, ce qui prouve que l'affirmation (†) est vraie. On en déduit que :

$$\begin{aligned}(\neg B \Rightarrow \neg A) &\Leftrightarrow \neg(\neg B) \text{ ou } \neg A \quad (\text{d'après (†)}) \\ &\Leftrightarrow B \text{ ou } \neg A \\ &\Leftrightarrow (A \Rightarrow B) \quad (\text{d'après (†)})\end{aligned}$$

ce qui prouve que l'équivalence (∗) est vraie. Une autre façon de vérifier l'équivalence logique (∗) consiste à compléter la table de vérité suivante :

A	B	$\neg A$	$\neg B$	$A \Rightarrow B$	$\neg B \Rightarrow \neg A$
V	V	F	F	V	V
V	F	F	V	F	F
F	V	V	F	V	V
F	F	V	V	V	V

et constater que les assertions $A \Rightarrow B$ et $\neg B \Rightarrow \neg A$ ont même valeur de vérité, comme le montre les deux dernières colones identiques du tableau.

On dit que la **contraposée** de la proposition $A \Rightarrow B$ est $\neg B \Rightarrow \neg A$. Par exemple, la contraposée de l'affirmation « Il pleut donc je prends mon parapluie » est « Je ne prends pas mon parapluie donc il ne pleut pas ». On ressent instinctivement que ces deux assertions ont la même valeur de vérité : si l'un est vraie, l'autre l'est aussi, si l'une est fausse, l'autre l'est aussi.

Raisonner par contraposée, c'est démontrer l'implication $\neg B \Rightarrow \neg A$ au lieu de l'implication $A \Rightarrow B$, parce que cette dernière est trop difficile à démontrer directement.

Si l'implication $A \Rightarrow B$ est vraie, on dit que B est une **condition nécessaire** pour la réalisation de A, et l'on dit aussi que A est une **condition suffisante** pour la réalisation de B. S'il est nécessaire d'avoir B pour que A puisse être vraie, alors si B est fausse, il est légitime de penser que A sera fausse. C'est ce que veut dire la contraposée de l'implication $A \Rightarrow B$.

Voici un exemple où la contraposée est plus facile à démontrer que l'implication directe :

Exercice 36 *Soit $n \in \mathbb{N}$. Si $n^2 - 1$ n'est pas divisible par 8, montrer que n est pair.*

Solution — On montre que la contraposée de cette implication est vraie, autrement dit que :

$$n \text{ impair} \Rightarrow 8 \text{ divise } n^2 - 1.$$

Si n est impair, il existe $k \in \mathbb{N}$ tel que $n = 2k+1$, donc :

$$n^2 - 1 = (2k+1)^2 - 1 = 4k^2 + 4k = 4k(k+1).$$

Le produit $k(k+1)$ de deux entiers consécutifs est pair, donc $k(k+1) = 2t$ pour un certain $t \in \mathbb{N}$. Par suite $n^2 - 1 = 8t$ est un multiple de 8. ∎

On prendra garde de ne pas confondre la contraposée d'une proposition et sa réciproque. La réciproque de l'implication $A \Rightarrow B$ est $B \Rightarrow A$, alors que la contraposée de l'implication $A \Rightarrow B$ est $\neg B \Rightarrow \neg A$. Le tableau suivant permet de comparer la réciproque et la contraposée d'une implication sur un exemple particulier :

Assertion	Si un quadrilatère est un losange, alors c'est un parallélogramme.	VRAI
Contraposée	Si un quadrilatère n'est pas un parallélogramme, alors ce n'est pas un losange.	VRAI
Réciproque	Si un quadrilatère est un parallélogramme, alors c'est un losange.	FAUX
Contraposée de la réciproque	Si un quadrilatère n'est pas un losange, alors ce n'est pas un parallélogramme.	FAUX

On redira plus loin que raisonner par contraposée est moins efficace que raisonner par l'absurde puisque impose de démontrer une implication $\neg B \Rightarrow \neg A$ bien précise, au lieu de déduire une absurdité quelconque (Section 3.5).

L'intérêt du raisonnement par contraposée est ailleurs : il permet de déduire des résultats facilement à partir d'autres résultats connus, et ainsi prendre conscience de certaines relations de cause à effet souvent surprenantes et dignes d'intérêt. Par exemple, quand on énonce :

> **Théorème 1** — Soient $\sum u_n$ et $\sum v_n$ deux séries à termes positifs telles que $u_n \leq v_n$ pour tout $n \in \mathbb{N}$. Si $\sum v_n$ converge, alors $\sum u_n$ converge.

On peut immédiatement déduire le résultat non trivial suivant en prenant la contraposée :

> **Théorème 1'** — Soient $\sum u_n$ et $\sum v_n$ deux séries à termes positifs telles que $u_n \leq v_n$ pour tout $n \in \mathbb{N}$. Si $\sum u_n$ diverge, alors $\sum v_n$ diverge.

Cet exemple est tiré de la thèse d'Antibi ([1] p. 316) qui s'amuse ensuite à écrire autrement le Théorème 1 pour obtenir les Théorèmes suivants :

3.4. RAISONNEMENT PAR CONTRAPOSÉE

Théorème 2 — Si $\sum u_n$ et $\sum v_n$ sont deux séries à termes positifs telles que $u_n \leq v_n$ pour tout $n \in \mathbb{N}$ et telles que $\sum v_n$ converge, alors $\sum u_n$ converge.

Théorème 3 — Soit $\sum v_n$ une série à termes positifs convergente et soit $\sum u_n$ une série numérique telle que $u_n \leq v_n$ pour tout $n \in \mathbb{N}$. Alors :
$$\forall n \in \mathbb{N} \ \ u_n \geq 0 \ \Rightarrow \ \sum u_n \text{ converge.}$$

Il suffit d'écrire la contraposée du Théorème 2 pour obtenir cet énoncé non trivial :

Théorème 2' — Soient $\sum u_n$ et $\sum v_n$ deux séries numériques. Si $\sum u_n$ diverge, alors l'une au moins des quatre propriétés suivante n'est pas vérifiée :
- $\sum v_n$ converge,
- $\forall n \in \mathbb{N} \ \ u_n \geq 0$,
- $\forall n \in \mathbb{N} \ \ v_n \geq 0$,
- $\forall n \in \mathbb{N} \ \ u_n \leq v_n$.

La contraposée du Théorème 3 s'écrit :

Théorème 3' — Soit $\sum v_n$ une série à termes positifs convergente et soit $\sum u_n$ une série numérique telle que $u_n \leq v_n$ pour tout $n \in \mathbb{N}$. Alors :
$$\sum u_n \text{ diverge} \ \Rightarrow \ \exists n \in \mathbb{N} \ \ u_n < 0.$$

Nous avons facilement obtenu six énoncés différents du même résultat. Le raisonnement par contraposée apparaît ici comme une « machine à réécrire » des implications connues sous des formes tellement différentes qu'elles permettent d'apprécier d'un Théorème à sa juste valeur.

3.4.2 Exemples

Exercice 37 *Soit $x \in \mathbb{R}$. Montrer que $(\forall \varepsilon > 0 \ \ |x| < \varepsilon) \ \Rightarrow \ x = 0$.*

Solution — La contraposée de l'implication s'écrit :
$$x \neq 0 \ \Rightarrow \ (\exists \varepsilon > 0 \ \ \varepsilon \leq |x|).$$
Si x n'est pas nul, $|x|$ est strictement positif, et le réel $\varepsilon = |x|/2$ vérifie bien $0 < \varepsilon \leq |x|$, donc la contraposée est vraie, et l'implication demandée aussi. ∎

L'article [15] propose l'exercice suivant extrait d'un manuel de terminale S option maths. La difficulté de l'exercice vient du fait que l'on ne pense pas forcément à démontrer la contraposée et à envisager tous les cas de congruence, sans parler de l'obstacle de la rédaction.

Exercice 38 *Montrer que si* 7 *divise* $x^2 + y^2$ *alors* 7 *divise* x *et* 7 *divise* y.

Solution — Montrons la contraposée de cette implication : si 7 ne divise pas x ou si 7 ne divise pas y, montrons que 7 ne divise pas $x^2 + y^2$. Si 7 ne divise pas x on peut construire la table suivante des congruences modulo 7 :

x	1	2	3	4	5	6
x^2	1	4	2	2	4	1

Si y est quelconque, on obtient la table suivante :

y	0	1	2	3	4	5	6
y^2	0	1	4	2	2	4	1

Il est facile d'en déduire la table pour la somme $x^2 + y^2$:

$y^2 \backslash x^2$	1	2	4
0	1	2	4
1	2	3	5
2	3	4	6
4	5	6	1

On remarque que $x^2 + y^2$ ne sera jamais congru à 0 modulo 7, ce qui signifie que 7 ne divise jamais $x^2 + y^2$. Les rôles de x et y étant interchangeables, on peut conclure. ∎

3.5 Raisonnement par l'absurde

3.5.1 Description

Le raisonnement par l'absurde, appelé aussi *apagogie* en philosophie même si ce terme est tombé en désuétude, est une forme de raisonnement qui consiste à démontrer une propriété en supposant son contraire pour aboutir à une absurdité.

L'absurdité provient toujours d'une proposition que l'on démontrera être à la fois vraie et fausse, ce qui est absolument interdit d'après le principe de non-contradiction énoncé à la page 15.

3.5. RAISONNEMENT PAR L'ABSURDE

Ce type de raisonnement est efficace en mathématiques, puisqu'il permet d'utiliser une hypothèse que l'on imagine fausse pour essayer de déduire des affirmations fausses de façon évidente. Si l'on n'est pas certain d'aboutir, on peut cependant tenter beaucoup de déductions, autant qu'on le désire, jusqu'à obtenir une contradiction.

Pour montrer que la proposition A est vraie, quand on ne voit pas comment faire, cela ne coûte rien de supposer que $\neg A$ est vraie, et d'essayer d'en déduire une absurdité. La force du raisonnement par l'absurde réside dans le fait que n'importe quelle absurdité permettra de conclure, ce qui n'est pas le cas du raisonnement par contraposée.

Il faut bien en être conscient : le raisonnement par contraposée est un cas particulier assez limitateur du raisonnement par l'absurde. En effet, pour démontrer que $A \Rightarrow B$ est vraie en raisonnant par contraposée, on suppose que $\neg B$ est vraie puis on démontre que $\neg A$ est vraie.

Pour démontrer que $A \Rightarrow B$ est vraie en raisonnant par l'absurde, on suppose que $\neg(A \Rightarrow B)$ est vraie, ce qui revient à supposer que A est vraie et que $\neg B$ est vraie. On démontre alors que $\neg B \Rightarrow \neg A$ comme on l'a fait en raisonnant par contraposée, pour constater que A et $\neg A$ sont vraies, ce qui est absurde d'après le principe de non-contradiction.

On peut donc affirmer :

> Raisonner par contraposée c'est initier un raisonnement par l'absurde dont l'absurdité est la négation de l'hypothèse originale.

André Antibi ne se trompe pas quand il énonce :

> « (...) pour la résolution effective de problèmes, la notion de contraposée ne sert pas à grand-chose, contrairement au raisonnement par l'absurde. » ([1] p. 17).

Détaillons un raisonnement par l'absurde dans l'exemple suivant :

Exercice 39 *Démontrer qu'il existe une infinité de nombres premiers.*

Solution — Si l'on suppose par l'absurde que l'ensemble $\mathcal{P}$ des nombres premiers positifs est fini, on peut le noter $\mathcal{P} = \{p_1, ..., p_r\}$ et rien ne nous empêche de considérer l'entier $n = p_1...p_r + 1$. Cet entier est strictement supérieur à 1, et l'on sait que cela suffit pour assurer l'existence d'au moins un diviseur premier de n. Mais alors rien ne va plus, car si p est un diviseur premier de n, alors p est à choisir dans la liste finie $\{p_1, ..., p_r\}$, et il existe $i \in [\![1, r]\!]$ tel que $p = p_i$. On constate avec effroi que cela est impossible, puisque l'écriture $n = p_1...p_r + 1$ n'est autre que celle de la division euclidienne de n par p_i, et que le reste de cette division euclidienne est 1, ce qui prouve que p_i ne divise pas n.

Finalement, on a trouvé un nombre premier p qui à la fois divise et ne divise pas n. C'est intenable ! Donc notre raisonnement est faux. Mais le vrai implique le vrai ! Comme toutes les déductions utilisées sont vraies, cela signifie que l'hypothèse de départ est fausse, autrement dit que l'on ne peut pas supposer que $\mathcal{P}$ est fini. En conclusion, si l'ensemble $\mathcal{P}$ ne peut pas être fini, c'est qu'il est infini. ■

3.5.2 Exemples

Dès le collège on raisonne par l'absurde pour démontrer qu'une équation n'a pas de solution, comme dans l'exemple suivant :

Exercice 40 *Démontrer que l'équation $x(x-5) + 9x - (x+1)(x+3) = 10$ n'admet pas de solution dans $\mathbb{R}$.*

Solution — S'il existe un nombre réel x qui vérifie cette équation, on pourrait développer le premier membre de celle-ci pour obtenir :

$$x(x-5) + 9x - (x+1)(x+3) = -3$$

et l'on obtiendrait $-3 = 10$, ce qui est faux. Nous avons donc fait une erreur, mais ce n'est ni dans nos calculs, ni dans nos déductions. L'erreur se trouve donc dans l'hypothèse que nous avons faite quand nous avons écrit « S'il existe un nombre réel x... ». C'est donc qu'il n'en existe pas. ■

Voici une démonstration classique du cours d'analyse qui représente un premier pas dans l'étude des suites adjacentes :

Exercice 41 *On considère des suites réelles. On suppose la suite $(a_n)_{n\in\mathbb{N}}$ croissante, la suite $(b_n)_{n\in\mathbb{N}}$ décroissante, et que $\lim_{n\to+\infty}(a_n - b_n) = 0$. De telles suites sont dites adjacentes. Montrer que pour tout $(m,p) \in \mathbb{N}^2$ on a l'inégalité $a_m \leq b_p$.*

Solution — On raisonne par l'absurde en supposant qu'il existe deux entiers naturels m et p tels que $b_p < a_m$. La croissance de $(a_n)_{n\in\mathbb{N}}$ et la décroissance de $(b_n)_{n\in\mathbb{N}}$ montrent que si $N = \text{Max}(m,p)$:

$$b_N \leq b_p < a_m \leq a_N.$$

Mais alors :

$$\forall n \geq N \quad 0 < a_N - b_N \leq a_n - b_n$$

3.5. RAISONNEMENT PAR L'ABSURDE

et il suffit de passer à la limite dans ces inégalités pour n tendant vers $+\infty$ et utiliser l'hypothèse $\lim_{n\to+\infty}(a_n - b_n) = 0$, pour obtenir $0 < a_N - b_N \leq 0$. C'est absurde. Donc $a_m \leq b_p$ quel que soit $(m,p) \in \mathbb{N}^2$. ∎

> On raisonne par l'absurde en terminale S pour prouver l'unicité d'une limite, ou pour démontrer certains résultats concernant les fonctions continues. Voici quelques exemples :

Exercice 42 *Soit f une application de $\mathbb{R}$ dans $\mathbb{R}$. S'il existe $l \in \mathbb{R}$ tel que $\lim_{x\to+\infty} f(x) = l$, alors la limite l est unique.*

Solution — Supposons par l'absurde qu'il existe deux nombres réels distincts l et l' tels que $\lim_{x\to+\infty} f(x) = l$ et $\lim_{x\to+\infty} f(x) = l'$. Choisissons deux intervalles ouverts disjoints $]a,b[$ contenant l et $]a',b'[$ contenant l'. D'après la définition d'une limite, l'image $f(x)$ de x appartiendra à $]a,b[$ dès que x est supérieur à un certain nombre réel A, et l'image $f(x)$ de x appartiendra à $]a',b'[$ dès que x est supérieur à un certain nombre réel A'. Mais alors il suffit de prendre x supérieur à $\text{Max}(A, A')$ pour que $f(x)$ appartienne à l'intersection $]a,b[\cap]a',b'[=\varnothing$, qui est vide. C'est impossible. Donc l est unique. ∎

Exercice 43 *Montrer qu'une application f de $\mathbb{R}$ dans $\mathbb{R}$ continue et qui ne s'annule jamais, conserve le même signe sur $\mathbb{R}$.*

Solution — Si f ne conservait pas le même signe, il existerait deux réels a et b tels que $f(a) < 0$ et $f(b) > 0$. Mais alors le Théorème des valeurs intermédiaires montrerait l'existence d'un réel c situé entre a et b, tel que $f(c) = 0$, absurde. ∎

Exercice 44 *(Ecrit du CAPES externe 2013) Soient a et b deux réels tels que $a < b$. Si f est une fonction définie, continue et positive sur l'intervalle $[a,b]$ et si $\int_a^b f(x)\,dx = 0$ alors f est nulle sur l'intervalle $[a,b]$. Vrai ou faux? Justifier.*

Solution — L'affirmation est vraie car on suppose f continue. Raisonnons par l'absurde en supposant qu'il existe $c \in [a,b]$ tel que $f(c) > 0$. On peut supposer que c appartient à $]a,b[$ pour fixer les idées, le raisonnement s'adaptant facilement si $c = a$ ou $c = b$. Soit ε un réel tel que $0 < \varepsilon < f(c)/2$. La continuité de f en c montre qu'il existe un réel $\eta > 0$ tel que $a \leq c - \eta < c + \eta \leq b$ et :

$$\begin{aligned} c - \eta \leq x \leq c + \eta &\Rightarrow f(c) - \varepsilon \leq f(x) \leq f(c) + \varepsilon \\ &\Rightarrow 0 < f(c)/2 \leq f(x). \end{aligned}$$

Comme f est positive, on en déduit que :

$$\int_a^b f(x)\,dx \geq \int_{c-\eta}^{c+\eta} \frac{f(c)}{2}dx = f(c)\eta > 0,$$

ce qui est absurde puisque l'intégrale $\int_a^b f(x)\,dx$ est nulle. ∎

On raisonne souvent par l'absurde dans tous les domaines des mathématiques. En arithmétique, cela permet de démontrer que $\sqrt{2}$ est un nombre irrationnel. Nous allons revoir cette démonstration qui sera suivie de deux questions du même tonneau :

Exercice 45 *Montrer que $\sqrt{2}$ est irrationnel.*

Solution — Raisonnons par l'absurde en supposant que $\sqrt{2}$ est rationnel. Il existe alors deux entiers naturels p et q ($q \neq 0$) premiers entre eux tels que $\sqrt{2} = p/q$. Dans ce cas $p^2 = 2q^2$, donc 2 divise p^2, et comme 2 est premier, il divisera p. Il existe donc un entier p' tel que $p = 2p'$. Mais en remplaçant on obtient $2p'^2 = q^2$, et l'on constate encore que 2 divise q^2, donc que 2 divise q. C'est impossible puisque 2 ne peut pas diviser simultanément p et q, les nombres p et q étant premiers entre eux. Donc il n'existe pas $(p,q) \in \mathbb{N} \times \mathbb{N}^*$ tels que $\sqrt{2} = p/q$, et $\sqrt{2}$ n'appartient pas à $\mathbb{Q}$. ∎

Exercice 46 *(Ecrit du CAPES externe 2013) Soit n un entier naturel.*
a) Démontrer que si $\sqrt{n}$ n'est pas entier, alors il est irrationnel.
b) Montrer que si p est un nombre premier, alors $\sqrt{p}$ est irrationnel.

Solution — a) Raisonnons par l'absurde en supposant que $\sqrt{n}$ est un nombre rationnel. Il existe alors deux entiers naturels p, q ($q \neq 0$) premiers entre eux, tels que $\sqrt{n} = p/q$. Dans ce cas $p^2 = nq^2$, donc q divise le produit p^2. Comme $\mathrm{pgcd}(p,q) = 1$, le Théorème de Gauss montre que q divise p, donc que q est un diviseur commun à q et p. On en déduit que $q = 1$ et $\sqrt{n} = p \in \mathbb{N}$, ce qui est absurde.

b) Si p est premier alors $\sqrt{p}$ n'est pas entier et l'on peut appliquer le résultat précédent pour affirmer que $\sqrt{p}$ est irrationnel. En effet, si l'on suppose par l'absurde que $\sqrt{p} = a \in \mathbb{N}$, alors $p = a^2$ et a est un diviseur de p, donc $a = 1$ ou p, ce qui s'avère impossible quoi que l'on fasse. ∎

Exercice 47 *(Ecrit du CAPES externe 2013)*
Démontrer que le nombre $\ln 2 / \ln 3$ est irrationnel.

3.5. RAISONNEMENT PAR L'ABSURDE

Solution — Si $\ln 2/\ln 3$ était rationnel, il existerait deux entiers naturels p, q ($q \neq 0$) premiers entre eux, tels que :
$$\frac{\ln 2}{\ln 3} = \frac{p}{q}.$$
Alors $\ln 2^q = \ln 3^p$, donc $2^q = 3^p$, ce qui entraîne $p = q = 0$ d'après l'unicité de la décomposition en produits de facteurs premiers. C'est absurde car $q \neq 0$. ∎

L'exercice suivant demande plus d'attention car certains passages sont délicats. Il permet de vérifier que la réciproque d'une propriété bien connue des coefficients binomiaux est vraie, en raisonnant par l'absurde et par récurrence (le raisonnement par récurrence sera traité à la section 3.7). L'énoncé nous guide heureusement :

Exercice 48 *On connaît le résultat suivant lequel si p est premier, alors p divise tous les coefficients binomiaux $\binom{p}{k}$ tels que $1 \leq k \leq p-1$. On se propose ici de démontrer la réciproque. On suppose donc que p divise le coefficient binomial $\binom{p}{k}$ quel que soit $k \in [\![1, p-1]\!]$.*

a) En utilisant la formule $\binom{p-1}{k-1} + \binom{p-1}{k} = \binom{p}{k}$, démontrer que :
$$\forall k \in [\![1, p-1]\!] \quad \binom{p-1}{k} \equiv (-1)^k \mod p.$$

b) Exploiter la formule $\binom{p}{d} = \frac{p}{d}\binom{p-1}{d-1}$ pour obtenir une contradiction si l'on suppose p non premier. Conclure.

Solution — a) Supposons que p divise $\binom{p}{k}$ pour tout entier $k \in [\![1, p-1]\!]$. On peut alors écrire :
$$\forall k \in [\![1, p-1]\!] \quad \binom{p-1}{k-1} + \binom{p-1}{k} = \binom{p}{k}$$
d'après le triangle de Pascal, avec $\binom{p}{k} \equiv 0$ modulo p, donc :
$$\binom{p-1}{k} \equiv -\binom{p-1}{k-1} \mod p.$$
Par récurrence finie sur k compris entre 1 et $p-1$, on déduit que :
$$\binom{p-1}{k} \equiv (-1)^k \mod p.$$
En effet, pour $k = 1$, on a $\binom{p-1}{1} \equiv -\binom{p-1}{0} \equiv -1 \mod p$, et en supposant le résultat acquis pour $k-1$ compris entre 1 et $p-2$, on obtient :
$$\binom{p-1}{k} \equiv -\binom{p-1}{k-1} \equiv -(-1)^{k-1} \equiv (-1)^k.$$

b) Si p n'est pas premier, il admet un diviseur d compris entre 2 et $p-1$ et :
$$\binom{p}{d} = \frac{p}{d}\binom{p-1}{d-1} = q\binom{p-1}{d-1}$$
où $q \in [\![2, p-1]\!]$. Comme $\binom{p}{d} \equiv 0 \mod p$ et comme $\binom{p-1}{d-1} \equiv (-1)^{d-1} \mod p$, on obtient $q(-1)^{d-1} \equiv 0 \mod p$, donc p divise q. Comme $2 \leq q \leq p-1$, c'est impossible. Donc p est premier. ∎

> Voici un petit problème de topologie que j'avais l'habitude de poser en collège à la fin de l'année scolaire, après les conseils de classe, avec toute une batterie de raisonnements susceptibles d'intéresser mes élèves et les inciter à raisonner et argumenter :

Exercice 49 *Deux points A et B sont dessinés dans deux petits rectangles distincts comme indiqué sur la* FIG. *3.12. Mathieu affirme qu'il a pu tracer chez lui une ligne continue allant de A à B, et coupant chacun des segments visibles sur la figure exactement une seule fois. Qu'en pensez-vous ?*

Solution & commentaires — Après plusieurs essais, on commence à douter de l'existence d'un tel chemin. On décide donc de changer le fusil d'épaule, et raisonner par l'absurde en supposant que l'on a réussi à dessiner un chemin solution.

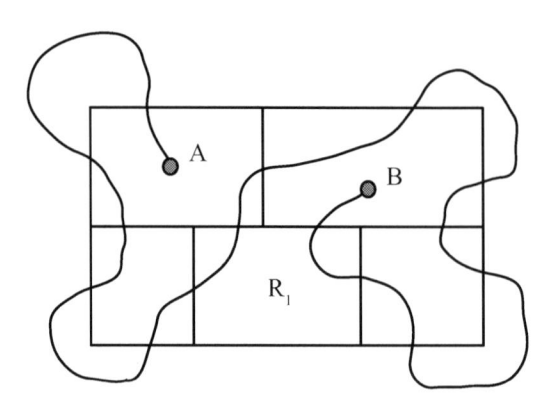

FIG. 3.12 – Un chemin bien difficile à tracer

Le chemin débute en A et s'achève en B. Il doit donc sortir une première fois du rectangle R_A contenant A, puis, s'il y retourne, il faudra qu'il en ressorte à chaque fois. Le chemin devra donc couper la frontière du rectangle R_A un nombre impair de fois.

3.5. RAISONNEMENT PAR L'ABSURDE

Il en est de même du rectangle R_B contenant B : le chemin doit aboutir à B, donc doit couper la frontière du rectangle R_B un nombre impair de fois.

Soit R un petit rectangle dessiné sur FIG. 3.12, différent de R_A et R_B. Chaque fois que le chemin entre dans R, il doit en ressortir, et cela prouve que le chemin solution coupera la frontière de R un nombre pair de fois.

On comprend maintenant où se situe l'absurdité : pour couper chaque segment du dessin, le chemin devra couper 5 fois le rectangle R_1, et 5 n'est pas pair. C'est absurde, le chemin n'existe pas, et l'on peut affirmer que Mathieu est un menteur ou qu'il a rêvé quand il a cru trouver une solution à ce problème !

Il est amusant de voir que ce problème possède au moins une solution si l'on dessine nos rectangles sur un tore comme sur la FIG. 3.13. Cela montre que les propriétés topologiques de l'espace dans lequel on se place sont extrêmement importantes dans ce type de problèmes. ∎

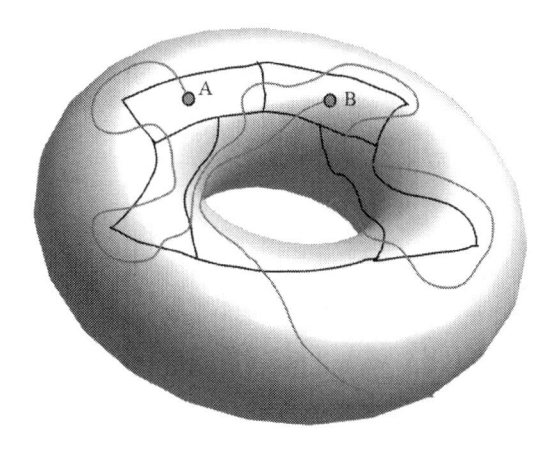

FIG. 3.13 – Une solution dans le cas du tore

La solution de l'exercice suivant utilise des disjonctions de cas et s'achève avec quelques raisonnements par l'absurde. On démontre trois inclusions traduites par les implications (1), (2) et (3), puis on déduit qu'il s'agit de trois égalités simplement en arguant du fait que $\{P, E_A, E_B\}$ est une partition du plan. Les implications réciproques que l'on doit démontrer deviennent évidentes quand on raisonne par l'absurde.

Exercice 50 *(Extrait de [23])* Soient A et B deux points distincts d'un espace affine euclidien E de dimension 3. Soit P le plan orthogonal à (AB) et passant par le milieu I de $[AB]$. Le plan P partage l'espace en deux demi-espaces ouverts : E_A contenant A, et E_B contenant B. Montrer que :

$$\begin{cases} P = \{M \in E \,/\, MA = MB\} \\ E_A = \{M \in E \,/\, MA < MB\} \\ E_B = \{M \in E \,/\, MB < MA\}. \end{cases}$$

Solution — P est le *plan médiateur* de $[AB]$ (FIG. 3.14). On suppose que l'on connaît les propriétés fondamentales des demi-espaces.

Ici, E_A et E_B sont bien les deux demi-espaces ouverts de frontière P, de sorte que $\{P, E_A, E_B\}$ soit une partition de E. En effet, si A et B appartenaient à un même demi-espace ouvert F de frontière P, on aurait $[AB] \subset F$ par convexité du demi-espace, et le milieu I de $[AB]$ appartiendrait à F, ce qui est impossible puisque $I \in P$.

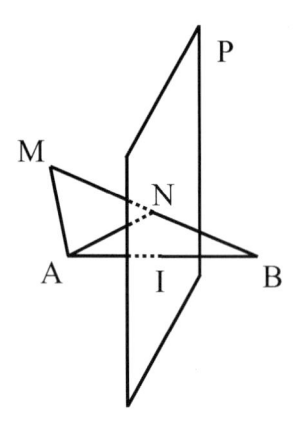

FIG. 3.14 – Régionnement de l'espace par un plan médiateur

Notons s_P la réflexion par rapport à P. On a $s_P(A) = B$.

- Si $M \in P$, alors $MA = MB$ puisque la réflexion s_P conserve les distances.

- Si $M \in E_A$, le segment $[BM]$ coupe le plan P en un point N. Le point N n'appartient pas à $[AM]$ (sinon la convexité de E_A donnerait $N \in [AM] \subset E_A$, ce qui est absurde puisque P et E_A sont disjoints) et l'inégalité triangulaire permet d'écrire :

$$MA < MN + NA = MN + NB = MB.$$

- Si $M \in E_B$, on raisonne comme ci-dessus pour obtenir $MB < MA$.

3.5. RAISONNEMENT PAR L'ABSURDE

On a montré les trois implications suivantes :

$$\begin{aligned}(1) \quad & M \in \Delta \Rightarrow MA = MB, \\ (2) \quad & M \in E_A \Rightarrow MA < MB, \\ (3) \quad & M \in E_B \Rightarrow MB < MA.\end{aligned}$$

En fait, il est facile de vérifier que ces trois implications sont des équivalences, car les ensembles $\{M \,/\, MA = MB\}$, $\{M \,/\, MA < MB\}$ et $\{M \,/\, MB < MA\}$ d'une part, et P, E_A, E_B d'autre part, forment des partitions de E.

Par exemple, pour montrer que l'implication (2) est une équivalence, on suppose que l'on a $MA < MB$, puis on raisonne par l'absurde : si M appartenait à Δ ou à E_B, on aurait $MA = MB$ ou $MB < MA$ (utiliser (1) et (3)), ce qui est impossible, donc M appartient à E_A. ∎

> Pour terminer, voici deux exercices sur le thème des fonctions uniformément continues. Ces textes nous donnent à chaque fois l'occasion de raisonner par l'absurde, montrant s'il le faut encore que ce mode de raisonnement est incontournable en mathématiques. Ces exercices sont extraits de [24] et [25] :

Exercice 51 *(Ecrit du CAPES externe 2012)* **Théorème de Heine**
On désire démontrer ici le célèbre théorème de Heine : si une fonction f est continue sur un segment $I = [a, b]$ de $\mathbb{R}$, alors elle est uniformément continue sur ce segment. Supposons que f soit une fonction continue sur I et non uniformément continue sur I. Montrer qu'il existe un réel $\varepsilon > 0$ et deux suites $(x_n)_{n \in \mathbb{N}^*}$ et $(y_n)_{n \in \mathbb{N}^*}$ d'éléments de I tels que pour tout $n \in \mathbb{N}^*$:

$$|x_n - y_n| \leq \frac{1}{n} \quad et \quad |f(x_n) - f(y_n)| > \varepsilon.$$

Montrer ensuite que l'on peut extraire des suites précédentes deux sous-suites convergentes $(x_{\sigma(n)})_{n \in \mathbb{N}^*}$ et $(y_{\sigma(n)})_{n \in \mathbb{N}^*}$. Conclure.

Solution — Supposer que f n'est pas uniformément continue sur I revient à affirmer que :

$$\exists \varepsilon > 0 \quad \forall \eta > 0 \quad \exists x, y \in I \quad |x - y| \leq \eta \quad \text{et} \quad |f(x) - f(y)| > \varepsilon.$$

Pour tout $\eta = 1/n$ il existera donc x_n et y_n tels que $|f(x_n) - f(y_n)| > \varepsilon$, et l'on affirme ainsi l'existence des suites $(x_n)_{n \in \mathbb{N}^*}$ et $(y_n)_{n \in \mathbb{N}^*}$ qui vérifient les conditions demandées. Comme I est compact, le Théorème de Bolzano-Weierstrass montre que l'on peut extraire deux sous-suites convergentes $(x_{\sigma(n)})_{n \in \mathbb{N}^*}$ et $(y_{\sigma(n)})_{n \in \mathbb{N}^*}$ des suites $(x_n)_{n \in \mathbb{N}^*}$ et $(y_n)_{n \in \mathbb{N}^*}$. Mais alors :

$$\forall n \in \mathbb{N}^* \quad |x_{\sigma(n)} - y_{\sigma(n)}| \leq \frac{1}{\sigma(n)}$$

montre que $\lim |x_{\sigma(n)} - y_{\sigma(n)}| = 0$, donc que $\lim x_{\sigma(n)} = \lim y_{\sigma(n)} = l$. Par continuité de f, on déduit que $\lim f(x_{\sigma(n)}) = \lim f(y_{\sigma(n)}) = f(l)$, ce qui est absurde car :
$$|f(x_{\sigma(n)}) - f(y_{\sigma(n)})| > \varepsilon$$
quel que soit n. L'application f sera donc uniformément continue sur I. ∎

Exercice 52 *Soit a un réel et $f : [a, +\infty[\to \mathbb{R}$ une fonction définie et continue sur $[a, +\infty[$ possédant une limite finie en $+\infty$.*
a) La fonction f est-elle bornée ?
b) La fonction f est uniformément continue sur $[a, +\infty[$?

Solution — a) Posons $\ell = \lim_{x \to +\infty} f(x)$ qui est une limite finie par hypothèse. La définition de la limite finie en $+\infty$, écrite pour $\varepsilon = 1$, donne l'existence de $B > a$ tel que :
$$\forall x \in [B, +\infty[, \quad |f(x) - \ell| < 1 \quad \text{donc } |f(x)| < |\ell| + 1.$$

Par ailleurs, la fonction f étant continue sur l'intervalle compact $[a, B]$, elle y est bornée. Soit donc $M = \sup_{x \in [a,B]} |f(x)|$. On a, pour tout $x \in [a, +\infty[$, $|f(x)| \leq \max(M, |\ell| + 1)$. En conclusion, f est bornée sur $[a, +\infty[$.

b) La réponse est affirmative. Nous en donnons deux démonstrations, qui mettent en évidence des facettes différentes des propriétés des fonctions continues et du corps des nombres réels. La démonstration directe utilise le théorème de Heine : toute fonction continue sur un espace compact (ici un segment) est uniformément continue. La démonstration par l'absurde utilise les propriétés des suites de nombre réels et les critères séquentiels de continuité.

Démonstration directe — Soit $\varepsilon > 0$, il existe $B > a$ tel que :
$$\forall x \in [B, +\infty[\quad |f(x) - \ell| < \varepsilon/2.$$

On a donc :
$$\forall (x, y) \in [B, +\infty[^2 \quad |f(x) - f(y)| < \varepsilon.$$

La fonction f est continue sur le segment $[a, B+2]$, donc y est uniformément continue. Il existe $\eta > 0$, que l'on peut prendre plus petit que 1, tel que :
$$\forall (x, y) \in [a, B+2]^2 \quad (|x - y| < \eta \implies |f(x) - f(y)| < \varepsilon).$$

Soit maintenant $(x, y) \in [a, +\infty[^2$ avec $|x - y| < \eta$.

∗ Si $x \in [a, B+1] \subset [a, B+2]$, on a $y \in [a, B+2]$ car $|x - y| < 1$, donc $|f(x) - f(y)| < \varepsilon$ car $|x - y| < \eta$ et $(x, y) \in [a, B+2]^2$.

3.5. RAISONNEMENT PAR L'ABSURDE

* Si $x \in \,]B+1, +\infty[$, on a $y \in [B, +\infty[$, donc $|f(x) - f(y)| < \varepsilon$ puisque $x \geq B$ et $y \geq B$.

Il vient dans les deux cas :
$$\forall\, (x,y) \in [a, +\infty[^2 \quad |x-y| < \eta \implies |f(x) - f(y)| < \varepsilon.$$

Ainsi f est uniformément continue sur $[a, +\infty[$.

Démonstration par l'absurde — Supposons que f n'est pas uniformément continue sur $[a, +\infty[$, c'est-à-dire que :
$$\exists\, \varepsilon > 0 \quad \forall\, \eta > 0 \quad \exists\, (x,y) \in [a, +\infty[^2 \quad |x-y| < \eta \text{ et } |f(x) - f(y)| \geq \varepsilon.$$

Pour ce ε, et pour tout $n \in \mathbb{N}^*$, il existe $(x_n, y_n) \in [a, +\infty[^2$ tels que :
$$|x_n - y_n| < 1/n \quad (1) \quad \text{et} \quad |f(x_n) - f(y_n)| \geq \varepsilon \quad (2).$$

* Si la suite $(x_n)_{n \geq 1}$ est bornée, elle possède, d'après la propriété de Bolzano-Weierstrass, une sous-suite convergente de limite $\bar{x} \in [a, +\infty[$. Notons $(x_{\varphi(n)})$ cette sous-suite. D'après la relation (1), la suite $(y_{\varphi(n)})$ converge vers $\bar{x}$ (puisque $y_{\varphi(n)} = x_{\varphi(n)} + (y_{\varphi(n)} - x_{\varphi(n)})$ avec $\lim_{n \to +\infty}(x_{\varphi(n)} - y_{\varphi(n)}) = 0$. Comme f est continue en $\bar{x}$, on a $\lim_{n \to +\infty} f(x_{\varphi(n)}) = \lim_{n \to +\infty} f(y_{\varphi(n)}) = f(\bar{x})$, ce qui entraîne :
$$\lim_{n \to +\infty} \left(f(x_{\varphi(n)}) - f(y_{\varphi(n)}) \right) = 0,$$

ainsi la relation (2) est contredite.

* Si la suite $(x_n)_{n \geq 1}$ n'est pas bornée, elle possède une sous-suite (encore notée $(x_{\varphi(n)})$) tendant vers $+\infty$. Selon un argument analogue à celui ci-dessus, la suite $f(y_{\varphi(n)})$ tend aussi vers $+\infty$. Comme $\ell = \lim_{x \to +\infty} f(x)$, il vient, par un théorème de composition, $\lim_{n \to +\infty} f(x_{\varphi(n)}) = \lim_{n \to +\infty} f(y_{\varphi(n)}) = \ell$. D'où :
$$\lim_{n \to +\infty} \left(f(x_{\varphi(n)}) - f(y_{\varphi(n)}) \right) = 0,$$

contredisant également la relation (2). ∎

3.5.3 Un raisonnement mal aimé ?

On entend souvent dire que, lorsqu'on a le choix, il faut toujours privilégier le raisonnement direct sur le raisonnement par l'absurde. Cette mise à l'index du raisonnement par l'absurde au moment de la rédaction d'une démonstration apparaît dans plusieurs sondages réalisés par André Antibi dans [1]. Cela relève sans doute du souci d'économie :

> Pourquoi supposer le contraire de ce que l'on veut démontrer s'il est possible de déduire directement la conclusion souhaitée ?

On peut aussi ajouter que la rédaction d'un raisonnement direct est plus facile à écrire puisqu'il s'agira de parler de conséquences, d'implications et de déduire toutes les propositions « en allant dans le bon sens », en traînant éventuellement le lecteur pour qu'il accepte chacun des pas de la preuve pour découvrir, parfois seulement à la fin et au moment où il ne s'y attend plus, que l'on aboutit effectivement où il fallait.

Dans les cas très simples, on s'attachera effectivement à présenter un raisonnement direct, surtout s'il est évident et facilement compréhensible. Cela semble sage.

Mais dans des cas plus compliqués, il serait illusoire et contre-productif de s'obliger à proposer des raisonnements directs quand un raisonnement par l'absurde permet de conclure.

Dans certains cas, proposer un raisonnement par l'absurde permet d'expliquer réellement au lecteur comment on a procédé, et comment les idées sont venues pas à pas. L'objectif n'est pas de camoufler les difficultés ou de faire croire qu'un raisonnement direct était facile à mettre au point. Bien sûr, tout le monde aime les belles mathématiques et les raisonnements courts même quand ils tombent du ciel, mais jusqu'à un certain point : trop transformer la recherche effective du résultat, ou maquiller des implications décisives comme des intuitions géniales, revient à faire un véritable tour de prestidigitation mathématique, et laisser le lecteur loin derrière.

Au collège, comme au lycée et ailleurs, on se doit de donner les moyens de raisonner et surtout ne pas décourager les élèves en présentant comme évident ce qui ne l'est pas. Le raisonnement par l'absurde est une façon limpide de raisonner quand on ne comprend pas comment débuter ses recherches. Il permet en outre d'utiliser toutes ses connaissances pour aboutir à une incongruence, où qu'elle soit, et il serait dommageable de s'en priver. Le raisonnement par l'absurde est trop utile et efficace pour qu'on puisse l'éviter.

On entend souvent dire que :

> Tout raisonnement par l'absurde peut être réécrit sous la forme d'un raisonnement direct

C'est exact quand on utilise les règles habituelles de la logique formelle, en particulier la règle du tiers exclu et celle de la non-contradiction, et c'est bien ce que conclut un article de Henri Lombardi [20].

Pour en être persuadé, nous allons supposer devoir démontrer une proposition A par l'absurde en utilisant trois théorèmes T_1, T_2 et T_3 dont les énoncés sont incontestablement vrais. La FIG. 3.15 montre toutes les déductions que

3.5. RAISONNEMENT PAR L'ABSURDE

l'on a pu faire en partant de $\neg A$ et en utilisant les trois théorèmes, qui aboutissent à l'assertion G qui est fausse. Cela permet de montrer que $\neg A$ est fausse, donc que A est vraie.

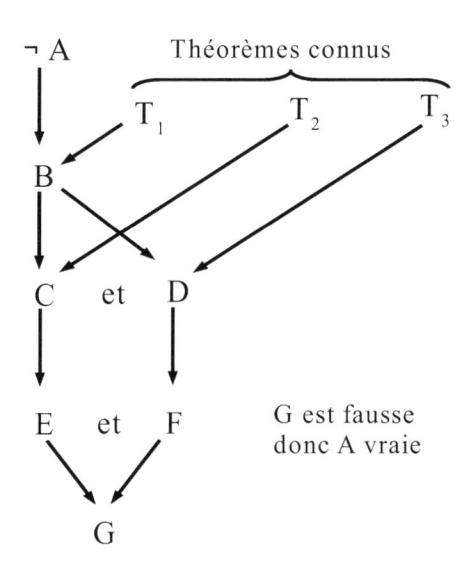

FIG. 3.15 – Preuve de A par l'absurde

Ce raisonnement par l'absurde peut être inversé pour donner un raisonnement direct comme on le voit sur la FIG. 3.16. Sur cette figure, on sait $\neg G$ est vraie (car G était fausse dans la conclusion précédente), et le premier pas utilisé, en partant du bas cette fois-ci, est que l'implication :

$$\neg G \Rightarrow (\neg E \text{ ou } \neg F)$$

est vraie, car possède la même valeur de vérité que l'implication :

$$(E \text{ et } F) \Rightarrow G.$$

On reconnaît deux implications contraposées qui auront effectivement même valeur de vérité. C'est en procédant de cette manière que l'on arrive à inverser toutes les implications pour obtenir le raisonnement direct décrit sur la FIG. 3.16.

Donc oui : un raisonnement par l'absurde peut toujours être transformé en un raisonnement direct. Mais oui encore : ce raisonnement direct risque d'être considéré comme étonnant puisqu'il part d'une affirmation $\neg G$ qui « tombe du

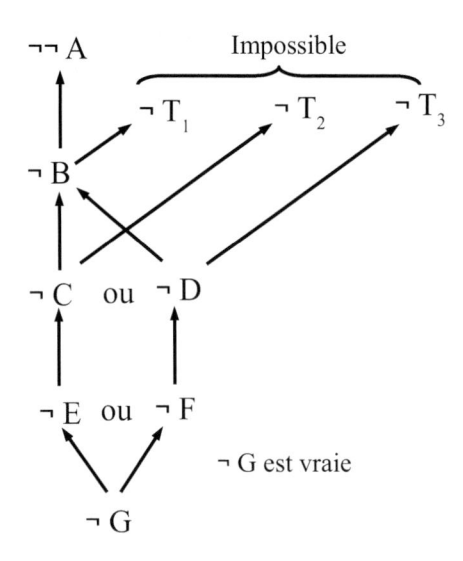

FIG. 3.16 – Preuve directe de A

ciel » et n'est absolument pas justifiée, puis utilise des implications logiques justes, mais à chaque fois très étranges.

Quel avantage a-t-on trouvé à procéder ainsi? Est-on censé cacher le mode de fonctionnement qui a permis de construire le raisonnement que l'on propose?

3.5.4 Le paradoxe d'Olbers

> « Si les étoiles sont bien des soleils, pourquoi est-ce que la somme de toutes les lumières ne dépasse pas l'éclat du Soleil? »

C'est en ces termes que le mathématicien Johannes Képler pose le problème au XVIIe siècle. Cette phrase, associée au fait que notre Soleil est bien le seul à briller dans notre ciel, incite à conclure que les étoiles ne sont pas des soleils, à moins qu'une autre supposition nous échappe.

Une autre façon de poser le problème est de se demander pourquoi les nuits sont noires. A première vue, la question est stupide puisque tout le monde sait que les nuits sont noires, mais là n'est pas la question. La question est de savoir ce que l'on peut déduire de cette observation au sujet du nombre d'étoiles qui éclairent la Terre, et par là même une information sur l'Univers dans lequel nous baignons. Si les étoiles étaient réparties uniformément dans un univers infini, chacune d'elle devrait éclairer la Terre, et la somme d'une infinité de lumières qui nous atteindraient devraient rendre le ciel de nos nuits très

3.5. RAISONNEMENT PAR L'ABSURDE

éblouissant. Comme ce n'est pas le cas, cela donnerait la preuve que les étoiles ne sont pas réparties uniformément dans l'Univers, ce qui serait en accord avec d'autres faits avérés démontrés indépendamment par les astronomes :

- les étoiles s'éloignent les unes de autres,
- l'univers est en expansion.

Résoudre le paradoxe d'Olbers constituerait une nouvelle preuve de la théorie du Big Bang.

Il s'agit de raisonner à petits pas et de façon sûre, car une première réponse nous vient à l'esprit : s'il fait nuit la nuit, c'est tout simplement parce que la lumière des étoiles trop lointaines ne nous atteint presque pas. Qu'en est-il vraiment ?

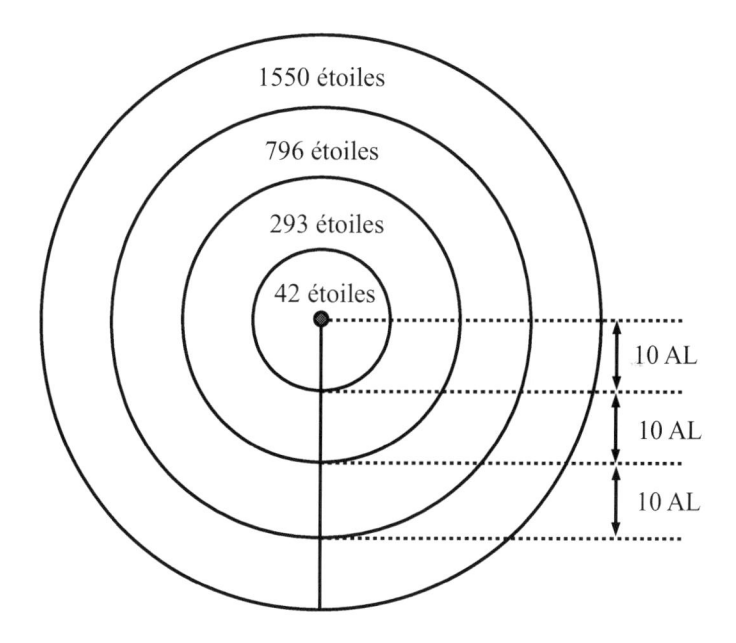

FIG. 3.17 – Répartition des étoiles en couches successives

En observant notre galaxie, on dénombre environ une étoile par volume de 100 AL^3 (années-lumières au cube). Partageons l'Univers en couches concentriques de 10 AL d'épaisseurs ayant la Terre pour centre (FIG. 3.17).

La première couche est une sphère S de rayon 10 AL centrée sur la Terre. Son volume est :
$$\text{Vol}(S) = \frac{4}{3}\pi 10^3$$

et elle contiendra approximativement :

$$N_1 = \frac{\text{Vol}(S)}{100} = \frac{40}{3}\pi \simeq 42$$

étoiles. Le volume de la seconde couche C_2 est :

$$\text{Vol}(C_2) = \frac{4}{3}\pi(20^3 - 10^3)$$

et la couche C_2 contiendra :

$$N_2 = \frac{\text{Vol}(C_2)}{100} = \frac{4}{300}\pi(20^3 - 10^3) \simeq 293$$

étoiles. Le volume de la couche C_k est :

$$\begin{aligned}\text{Vol}(C_k) &= \frac{4}{3}\pi((10k)^3 - (10(k-1))^3) \\ &= \frac{4}{3}\pi 10^3(k^3 - (k-1)^3) \\ &= \frac{4}{3}\pi 10^3(3k^2 - 3k + 1)\end{aligned}$$

et le nombre d'étoiles présentes dans C_k est :

$$N_k = \frac{\text{Vol}(C_k)}{100} = \frac{40\pi}{3}(3k^2 - 3k + 1).$$

Cela montre que le nombre N_k d'étoiles croît comme le carré du rayon de la couche. En physique, on sait que la luminosité L d'une étoile est inversement proportionnelle au carré de sa distance d, donc il existe une constante κ telle que :

$$L = \frac{\kappa}{d^2}.$$

Si nous supposons que toutes les étoiles de la couche C_k sont à la distance $10k$ de nous, ce qui diminue leur luminosité réelle en les plaçant un peu plus loin de nous que ce qu'elles sont réellement, on constate que, vu de la Terre, la luminosité L_k d'une étoile appartenant à la k-ème couche est :

$$L_k = \frac{\kappa}{(10k)^2}.$$

La quantité de lumière reçue sur Terre et provenant de toutes les étoiles de la k-ème couche est donc :

$$N_k L_k = \frac{40\pi}{3}(3k^2 - 3k + 1)\frac{\kappa}{(10k)^2} = \frac{2\pi}{15}\frac{(3k^2 - 3k + 1)\kappa}{k^2}.$$

3.6. RAISONNEMENT PAR ANALYSE-SYNTHÈSE

Si la densité des étoiles était la même dans tout l'Univers et si l'Univers était infini, la quantité de lumière reçue par la Terre serait égale à :

$$\sum_{k=1}^{+\infty} N_k L_k = \sum_{k=1}^{+\infty} \frac{2\pi}{15} \frac{(3k^2 - 3k + 1)\kappa}{k^2}.$$

Cette série à termes positifs est divergente, autrement dit :

$$\sum_{k=1}^{+\infty} N_k L_k = +\infty,$$

et l'on en déduit que sous nos hypothèses de travail, le ciel de nos nuits devrait être d'une luminosité extrême ! Certes, il n'en serait pas exactement ainsi car à partir d'une certaine distance, toutes les étoiles finiraient par faire écran et empêcher la lumière d'autres étoiles plus lointaines de nous atteindre, mais tout de même : la luminosité sur Terre engendrée par ces étoiles serait des millions de fois supérieure à celle provenant du Soleil.

Conclusion : les étoiles ne sont pas distribuées uniformément dans un espace infini. Voilà comment un raisonnement par l'absurde permet de mieux comprendre l'Univers qui nous entoure.

3.6 Raisonnement par analyse-synthèse

3.6.1 Description

Le raisonnement par analyse-synthèse permet de démontrer l'existence, et parfois l'unicité, d'un objet vérifiant des propriétés données. Il se déroule en deux temps :

> *Analyse* — On suppose que l'objet existe, et l'on déduit un certain nombre de conditions qui doivent être satisfaites et réduisent le champ d'investigation. A un certain stade, les conditions trouvées définissent peu d'objets qui répondent à la question. On s'arrête quand on ne voit plus comment réduire encore le nombre de ces objets. On peut alors affirmer que : si l'objet que l'on cherche existe, alors il appartient à une certaine collection $\mathcal{C}$.
>
> *Synthèse* — On prend chacun des objets de la collection $\mathcal{C}$ et on les teste pour savoir s'ils vérifient les conditions requises. Si la réponse est affirmative, on possède une solution au problème, sinon on le rejette. Il n'y aura pas d'autres solutions possibles car la collection $\mathcal{C}$ est formée des seuls objets susceptibles de répondre à nos attentes.

Le raisonnement par analyse-synthèse est souvent utilisé quand on ne voit pas comment débuter une recherche. Il permet de se focaliser sur les conséquences de l'existence d'un objet pour déduire des conditions tellement restrictives qu'elles finissent par définir parfaitement les quelques objets susceptibles de convenir.

Un tel raisonnement est précieux et d'une efficacité redoutable car permettant de débuter une recherche en suivant un programme précis, en laissant libre cours à ses idées et interprétations pour réduire le champ des possibles.

Doit-on ajouter qu'à l'oral d'un concours et devant une question ouverte, le jury observe comment réagit le candidat et s'il sait débuter sa recherche par la phrase : « si l'objet existe, je peux en déduire que » qui annonce le début de l'analyse du problème ?

3.6.2 Recherche de lieux géométriques

Le raisonnement par analyse-synthèse est un outil remarquable dans la recherche de lieux géométriques ou dès que l'on désire résoudre un problème de construction.

Le problème suivant a été proposé sur [14] comme un exemple d'activité à proposer en classe de quatrième :

Exercice 53 *Tracer un cercle $\mathcal{C}$ de centre O, et un point P n'appartenant pas à $\mathcal{C}$. Choisir un point M sur $\mathcal{C}$. Tracer le projeté orthogonal H de O sur la droite (MP). Quelle est le lieu décrit par les points H quand M parcourt $\mathcal{C}$?*

Solution & commentaires — Notons $\mathcal{E}$ l'ensemble des points cherchés. Si $H \in \mathcal{E}$, le triangle OHP est rectangle en H, donc H appartient au cercle $\mathcal{C}_{[OP]}$ de diamètre $[OP]$. On en déduit que $\mathcal{E} \subset \mathcal{C}_{[OP]}$. Comme on ne voit pas comment obtenir de nouvelles conditions sur H, on achève ainsi la phase d'analyse et l'on débute la phase de synthèse.

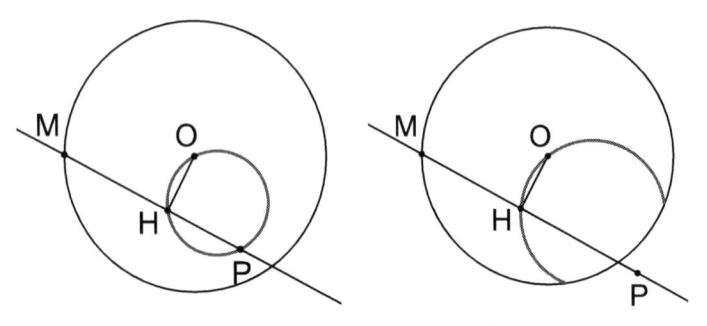

Deux situations à envisager pour l'exercice 53

3.6. RAISONNEMENT PAR ANALYSE-SYNTHÈSE

On essaie de montrer l'inclusion réciproque $\mathcal{C}_{[OP]} \subset \mathcal{E}$. Pour cela, on choisit un point $N \in \mathcal{C}_{[OP]}$, et l'on doit montrer que N appartient à $\mathcal{E}$. Un point N appartient à $\mathcal{E}$ si, et seulement si, il a été construit comme le projeté orthogonal de O sur une droite (PM) construite à l'aide d'un certain point M du cercle $\mathcal{C}$. Comme $N \in \mathcal{C}_{[OP]}$, la droite (ON) sera toujours orthogonale à (NP), et l'on peut affirmer que N appartiendra à $\mathcal{E}$ si et seulement si la droite (PN) coupe $\mathcal{C}$ en un point M (par convention, si $N = P$, la droite (PN) désignera la tangente à $\mathcal{C}_{[OP]}$ issue de P, ce qui n'entrave aucunement notre raisonnement).

On constate que :

- Si N appartient au disque fermé $\mathcal{D}$ de frontière $\mathcal{C}$, la droite (PN) coupe $\mathcal{C}$, donc $N \in \mathcal{E}$.

- Si $N \notin \mathcal{D}$, la droite (PN) ne coupe pas $\mathcal{C}$ puisque $d(O, (PN)) = ON > r$, où r désigne le rayon de $\mathcal{C}$, donc $N \notin \mathcal{E}$ et les points N sont à rejeter.

Cela achève la phase de synthèse. Celle-ci nous a permis de rejeter certaines hypothèses en faisant le tri entre les points de $\mathcal{C}_{[OP]}$ qui étaient réellement solution du problème, et les autres. On peut énoncer :

$$\mathcal{E} = \mathcal{C}_{[OP]} \cap \mathcal{D}.$$

Dans le raisonnement par analyse-synthèse que l'on vient de décrire, la phase d'analyse n'a pas pu être poussée jusqu'à son terme et s'arrête naturellement quand on ne voit plus ce que l'on peut imposer à H. Cela n'a pas une bien grande importance car sera corrigé dans la phase de synthèse qui, si elle est menée rigoureusement et avec toute l'attention qu'elle demande, mettra en évidence les points qu'il faut rejeter. Cette remarque fait prendre conscience de l'efficacité d'un tel raisonnement.

L'observateur perspicace se demandera si ce raisonnement d'analyse-synthèse « rafistolé » est bien valide. Pour le vérifier, il faut revenir sur ce que nous avons réellement démontré. Dans la phase d'analyse, nous avons prouvé l'implication :

$$H \in \mathcal{E} \;\Rightarrow\; H \in \mathcal{C}_{[OP]}$$

mais dans les constatations complémentaires faites durant la phase de synthèse, on a aussi conclut à la nécessité que (PN) coupe $\mathcal{C}$, ce qui impose la condition supplémentaire $H \in \mathcal{D}$. Finalement, on aurait pû continuer la phase d'analyse jusqu'à démontrer l'implication :

$$H \in \mathcal{E} \;\Rightarrow\; H \in \mathcal{C}_{[OP]} \cap \mathcal{D},$$

et déduire l'inclusion $\mathcal{E} \subset \mathcal{C}_{[OP]} \cap \mathcal{D}$. La phase de synthèse proposée permet ensuite facilement de démontrer l'inclusion réciproque, autrement dit que si

$N \in \mathcal{C}_{[OP]} \cap \mathcal{D}$, alors $N \in \mathcal{E}$. La conclusion $\mathcal{E} = \mathcal{C}_{[OP]} \cap \mathcal{D}$ suit inévitablement. Le raisonnement présenté est donc valide.

Pour conclure, faisons deux remarques :

- Dans le secondaire, l'exercice 53 donne l'occasion d'aller dessiner sur un écran avec Geogebra pour visualiser les ensembles de points obtenus suivant que P appartienne ou non au disque $\mathcal{D}$. L'utilisation d'un logiciel de géométrie dynamique permet de faire des conclusions plus précises, donc d'aller plus loin dans la phase d'analyse si on arrive à les formuler.

- Dans cet exercice, le danger serait de s'arrêter en oubliant d'envisager la réciproque, c'est-à-dire en se contentant d'achever la phase d'analyse pour affirmer immédiatement que $\mathcal{E} = \mathcal{C}_{[OP]}$. C'est faux car on a seulement démontré l'inclusion $\mathcal{E} \subset \mathcal{C}_{[OP]}$, et cette erreur classique est à éviter comme la peste quand on recherche un lieu de points. Débuter le raisonnement par les mots : « Si H appartient à l'ensemble cherché, alors... » ne peut mener, ne doit mener, que sur une inclusion. La nôtre s'écrivait $\mathcal{E} \subset \mathcal{C}_{[OP]}$ et l'on a bien vu qu'il ne s'agissait pas d'une égalité. Dans ce type de raisonnement, le danger guette le candidat non averti et le jury est particulièrement entraîné à repérer les raisonnements tronqués.

> Dans un raisonnement par analyse-synthèse, il est essentiel de ne pas conclure trop rapidement après la phase d'analyse en oubliant de procéder à la synthèse.

Tout le raisonnement serait alors faux. ∎

Nous allons voir un autre exemple de recherche de lieu où l'on pourra s'entraîner pour bien marquer les deux phases du raisonnement.

Il s'agit d'un exercice d'un dossier d'oral 2 de la session 2012 du CAPES externe, réécrit pour ne conserver que l'aspect principal de l'exercice, celui sur lequel il ne faut pas se tromper.

Les aspects pédagogiques de l'exercice sont d'ailleurs faciles à imaginer : on peut penser à un « scénario permettant d'engager les élèves dans une démarche d'investigation prenant appui sur l'exercice » en utilisant un logiciel de géométrie dynamique comme Geogebra, ou encore « trouver dans des manuels d'autres exercices du même genre pouvant servir de support à une démarche d'investigation » qui, n'en doutons pas en 2014, constituera une justification pour l'emploi tant prônée des TICE, mode oblige. Les années 2010 seront irrémédiablement placées sous l'égide des TICE et des machines en ce qui concerne l'enseignement des mathématiques, quitte à abîmer des pans entiers de savoirs

3.6. RAISONNEMENT PAR ANALYSE-SYNTHÈSE

de base qu'il est difficile de s'approprier de cette façon : il s'agit d'un dommage collatéral lié à notre entrée progressive dans l'ère numérique.

Procéder à des investigations, c'est observer, expérimenter, déduire à partir d'hypothèses non rigoureusement vérifiées, chercher...

Quand on débute le raisonnement par « Si un point appartient à l'ensemble cherché, alors... » on suppose bien évidemment quelque chose que l'on ne sait pas : que se passe-t-il s'il n'existe aucun point qui satisfait les conditions ?

Raisonner par analyse-synthèse, c'est faire un pari sur l'avenir en s'autorisant à raisonner avec un objet dont on n'a pas encore la preuve de l'existence, parce que supposer son existence engendrera des conséquences fortes que l'on saura exploiter. C'est un pari sur l'avenir et une remarquable méthode de pensée pour découvrir et construire des connaissances.

Voici l'exercice :

Exercice 54 *(Oral du CAPES externe 2012) Tracer un cercle de centre O, et placer un point A à l'intérieur du disque ainsi défini. Choisir un point M sur le cercle, et construire le symétrique M' de A par rapport à M. Que fait M' quand M parcourt le cercle ? Proposer une solution au niveau du collège. [Indication : on pourra construire le symétrique de A par rapport à O.]*

Solution — On demande de chercher le lieu des points M' lorsque M parcourt le cercle $\mathcal{C}$ de centre O et de rayon r en utilisant des moyens disponibles au collège. Les vecteurs ne sont plus étudiés dans les programmes 2014 du collège, mais on dispose encore du Théorème de la droite des milieux en quatrième, et du Théorème de Thalès et sa réciproque en troisième.

Soit O' le symétrique de A par rapport à O. Si $M \in \mathcal{C}$, construisons le symétrique M' de A par rapport à M comme sur la FIG. 3.18. Comme O est le milieu de $[AO']$, et M le milieu de $[AM']$, le Théorème de la droite des milieux montre que $O'M' = 2OM = 2r$, donc M' appartient au cercle $\mathcal{C}'$ de centre O' et de rayon $2r$. Si $\mathcal{E}$ désigne l'ensemble cherché, on vient de montrer l'inclusion $\mathcal{E} \subset \mathcal{C}'$.

Il faut maintenant montrer que $\mathcal{C}' \subset \mathcal{E}$. Si N est un point de $\mathcal{C}'$, traçons le milieu M de $[AN]$. Le Théorème de la droite des milieux appliqué dans le triangle $AO'N$ montre que :

$$OM = \frac{O'N}{2} = r,$$

donc que M appartient à $\mathcal{C}$. Ainsi N est le symétrique de A par rapport à M, avec $M \in \mathcal{C}$, donc $N \in \mathcal{E}$. Cela montre que $\mathcal{C}' \subset \mathcal{E}$, et nous permet d'affirmer que l'ensemble $\mathcal{E}$ cherché est le cercle $\mathcal{C}'$ en entier. ∎

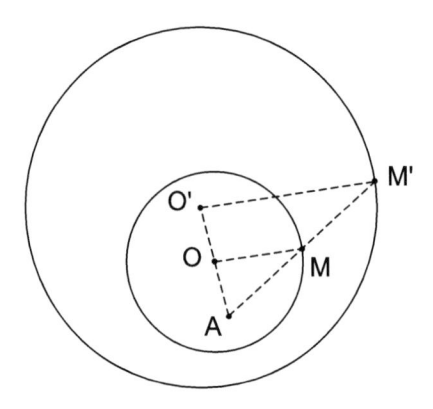

Fig. 3.18 – Une histoire de cercles

Remarques — α) La preuve que l'on vient de donner passe sous silence un cas particulier embêtant dont on se gardera de parler en collège pour ne pas embrouiller les esprits : si M, appartenant à $\mathcal{C}$, est aligné avec O et A, le triangle $AO'M'$ est aplati et l'on ne peut plus appliquer le Théorème de la droite des milieux. Cela montre les limites de ce raisonnement, et pourrait constituer une question d'un jury d'oral qui nous demanderait comment faire pour traiter ce cas particulier.

On peut répondre en proposant une autre méthode, par exemple en utilisant des vecteurs, puisque de :

$$\begin{cases} \overrightarrow{AM'} = 2\overrightarrow{AM} \\ \overrightarrow{AO'} = 2\overrightarrow{AO} \end{cases}$$

on tire $\overrightarrow{O'M'} = 2\overrightarrow{OM}$ par soustraction, d'où $O'M' = 2OM$, ce qui montre que $M' \in \mathcal{C}'$. Cela prouve l'inclusion $\mathcal{E} \subset \mathcal{C}'$ dans tous les cas de figure, et l'on ferait de même pour l'inclusion $\mathcal{C}' \subset \mathcal{E}$.

β) Pour maîtriser cet exercice au tableau, le candidat doit bien remarquer que l'on s'intéresse aux images des points M par l'homothétie h de centre A et de rapport 2, et donc que l'on doit déterminer l'ensemble $\mathcal{E} = h(\mathcal{C})$, image d'un cercle par une homothétie ! Un théorème classique (à savoir redémontrer si besoin) affirme que $h(\mathcal{C})$ est le cercle de centre $h(O)$ et de rayon $2r$, ce qui explique pourquoi l'énoncé nous incite à utiliser le point $O' = h(O)$.

γ) Comme on l'a déjà dit plus haut, dans cet exercice il est primordial de ne pas oublier de traiter la réciproque. L'oublier serait éliminatoire tant à l'écrit qu'à l'oral d'un concours, l'un des objectifs prioritaires d'un jury de mathématiques étant de tester le candidat pour savoir s'il raisonne correctement.

3.6. RAISONNEMENT PAR ANALYSE-SYNTHÈSE

Terminons cette section en reprenant ce descriptif de la méthode extrait du chapitre sur la recherche de lieux géométriques de [26] :

Recherche de lieu geometrique
par analyse et synthese

> Quand on cherche un lieu de points, il est essentiel de ne jamais oublier de vérifier l'inclusion réciproque. Si $\mathcal{E}$ est le lieu des points qui vérifient une certaine propriété $\mathcal{P}$, il est normal de commencer par dire que, si M appartient à $\mathcal{E}$, alors M vérifie ceci ou cela, pour finir par s'apercevoir que M appartient à un certain ensemble $\mathcal{L}$ que l'on sait décrire.
>
> Ce faisant, on montre seulement une inclusion, à savoir que $\mathcal{E} \subset \mathcal{L}$, et il ne faut pas croire que le problème est résolu ! Il reste encore à montrer l'inclusion contraire $\mathcal{L} \subset \mathcal{E}$, et c'est seulement après cette vérification que l'on pourra conclure à l'égalité $\mathcal{E} = \mathcal{L}$.
>
> Une telle stratégie de recherche correspond à un raisonnement par analyse-synthèse : pour découvrir les points M qui satisfont une propriété $\mathcal{P}$, on suppose que M est l'un de ces points (même si, à ce stade, on ne sait pas encore s'il en existe) et l'on cherche des conditions que ce point M doit vérifier. Ces conditions signifient que M appartient à un certain ensemble $\mathcal{L}$. On achève l'analyse du problème en affirmant que :
>
> Si notre problème admet un point-solution M, alors ce point appartient à l'ensemble $\mathcal{L}$.
>
> Il s'agit ensuite de faire la synthèse, c'est-à-dire de choisir un point M quelconque dans $\mathcal{L}$, et montrer que ce point vérifie la propriété $\mathcal{P}$ (autrement dit qu'il appartient à $\mathcal{E}$). Ce n'est qu'après avoir effectué cette vérification que l'on peut prétendre à l'égalité $\mathcal{E} = \mathcal{L}$.

3.6.3 Exemples

Dans l'exercice 55, il s'agit bien d'un raisonnement par analyse-synthèse sans que jamais ce mot soit prononcé dans la solution. Cela arrive plus souvent qu'on peut l'imaginer, et montre que raisonner de cette façon est une des voies royales à emprunter pour arriver à ses fins en mathématiques.

Exercice 55 *En restant au niveau du collège, démontrer que le cercle de diamètre $[AB]$ est égal à l'ensemble des points M tels que le triangle ABM est rectangle en M.*

Solution — Cet énoncé est démontré en quatrième en utilisant les propriétés du rectangle et ses caractérisations usuelles. On sait en particulier que :

- un quadrilatère dont les diagonales sont égales et se coupent en leur milieu est un rectangle,
- un quadrilatère qui possède trois angles droits est un rectangle.

($\Leftarrow$) Si MAB est un triangle rectangle en M, notons I le milieu de $[AB]$. La perpendiculaire à (MA) passant par A coupe la perpendiculaire à (MB) passant par B en W. Le quadrilatère $MAWB$ possède trois angles droits, c'est donc un rectangle, et ses diagonales se coupent en leur milieu, donc $IM = IA = IB$.

($\Rightarrow$) Supposons que M appartienne au cercle de diamètre $[AB]$. Notons I le milieu de $[AB]$. La droite (MI) recoupe le cercle en W, et le quadrilatère $MAWB$ possède deux diagonales égales qui se coupent en leur milieu. C'est donc un rectangle et l'angle $\widehat{AMB}$ est droit. ∎

> La recherche du lieu formé par tous les points M du plan tels que $(\overrightarrow{MA}, \overrightarrow{MB}) = a \ (\pi)$ est la voie royale pour aboutir au critère de cocyclicité. Dans l'exemple suivant, on aura besoin du Théorème de l'angle inscrit ([23], Question 186) suivant lequel, si A, B, M sont trois points distincts d'un cercle $\mathcal{C}$ de centre O, et si T_A désigne la tangente au cercle $\mathcal{C}$ issue de A, alors :
> $$(\overrightarrow{OA}, \overrightarrow{OB}) = 2(\overrightarrow{MA}, \overrightarrow{MB}) = 2\,(T_A, AB) \ (2\pi).$$

Exercice 56 *(Critère de cocyclicité) Soit a un nombre réel non congru à 0 modulo π. Soient A et B deux points distincts du plan. On note $\mathcal{E}$ le lieu des points M du plan tels que $(\overrightarrow{MA}, \overrightarrow{MB}) = a \ (\pi)$ (il s'agit d'une égalité entre des angles de droites).*

a) Montrer que $\mathcal{E}$ est égal au cercle $\mathcal{C}$ passant par A et B et admettant pour tangente en A la droite T_A définie par $(T_A, AB) = a \ (\pi)$, privé de A et B.

b) En déduire que quatre points distincts A, B, C, D du plan sont alignés ou cocycliques si et seulement si $(\overrightarrow{CA}, \overrightarrow{CB}) = (\overrightarrow{DA}, \overrightarrow{DB}) \ (\pi)$.

Solution — a) On aura besoin de cette première observation :

Remarque préliminaire — Il existe un et un seul cercle $\mathcal{C}$ qui vérifie les conditions de l'énoncé (FIG. 3.19). Pour le voir, on fait déjà un petit raisonnement par analyse-synthèse : si $\mathcal{C}$ existe, son centre O doit être à la fois sur la

3.6. RAISONNEMENT PAR ANALYSE-SYNTHÈSE

médiatrice de $[AB]$ et sur la perpendiculaire à T_A issue de A, donc O est parfaitement déterminé, et le rayon de $\mathcal{C}$ ne peut être que OA ; et réciproquement le cercle de centre O et de rayon OA, que l'on vient de déterminer, convient.

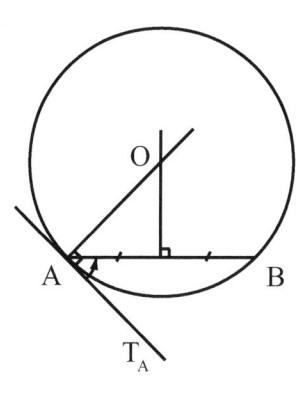

FIG. 3.19 – Lieu des points M tels que $(\overrightarrow{MA}, \overrightarrow{MB}) = a \ (\pi)$

Analyse — Si $M \in \mathcal{E}$, les points M, A, B ne sont pas alignés car $a \neq 0 \ (\pi)$, donc on peut définir le cercle $\mathcal{C}_{MAB}$ circonscrit au triangle MAB. Si O' désigne le centre de $\mathcal{C}_{MAB}$ et si T'_A représente la tangente à $\mathcal{C}_{MAB}$ en A, le Théorème de l'angle inscrit donne :

$$(\overrightarrow{O'A}, \overrightarrow{O'B}) = 2(\overrightarrow{MA}, \overrightarrow{MB}) = 2\left(T'_A, AB\right) \ (2\pi).$$

Comme $(\overrightarrow{MA}, \overrightarrow{MB}) = a \ (\pi)$, on obtient $2\left(T'_A, AB\right) = 2a \ (2\pi)$, donc :

$$\left(T'_A, AB\right) = a = (T_A, AB) \ (\pi)$$

et cela montre que $T'_A = T_A$. Mais alors $\mathcal{C}_{MAB}$ est un cercle qui passe par A et B, et qui admet T_A pour tangente en A. La remarque préliminaire montre que $\mathcal{C}_{MAB} = \mathcal{C}$, et donc $M \in \mathcal{C}$. Bien sûr, M est différent de A et de B sinon l'angle $(\overrightarrow{MA}, \overrightarrow{MB})$ n'a pas de sens, et l'affirmation $(\overrightarrow{MA}, \overrightarrow{MB}) = a \ (\pi)$ non plus. On peut donc conclure cette phase d'analyse par :

$$\mathcal{E} \subset \mathcal{C}\backslash\{A, B\}.$$

Synthèse — Si $M \in \mathcal{C}\backslash\{A, B\}$, le Théorème de l'angle inscrit montre que :

$$(\overrightarrow{OA}, \overrightarrow{OB}) = 2(\overrightarrow{MA}, \overrightarrow{MB}) = 2\left(T_A, AB\right) = 2a \ (2\pi).$$

Cela entraîne que $(\overrightarrow{MA}, \overrightarrow{MB}) = a \ (\pi)$, et M appartiendra bien à $\mathcal{E}$.

Conclusion — $\mathcal{E} = \mathcal{C}\backslash\{A,B\}$.

b) *La condition est nécessaire* — Si les points A, B, C, D du plan sont alignés, alors $(\overrightarrow{CA},\overrightarrow{CB}) = 0 = (\overrightarrow{DA},\overrightarrow{DB})$ (π). S'ils sont cocycliques, ils appartiennent à un même cercle $\mathcal{C}$ de centre O, et le Théorème de l'angle inscrit donne $(\overrightarrow{OA},\overrightarrow{OB}) = 2(\overrightarrow{CA},\overrightarrow{CB}) = 2(\overrightarrow{DA},\overrightarrow{DB})$ (2π), ce qui permet de déduire que $(\overrightarrow{CA},\overrightarrow{CB}) = (\overrightarrow{DA},\overrightarrow{DB})$ (π) en divisant par 2.

La condition est suffisante — Si $(\overrightarrow{CA},\overrightarrow{CB}) = (\overrightarrow{DA},\overrightarrow{DB})$ (π), soit a un réel tel que $a = (\overrightarrow{CA},\overrightarrow{CB})$ (π). De deux choses l'une :

Si $a = 0$ (π), il est facile de voir que $(\overrightarrow{CA},\overrightarrow{CB}) = (\overrightarrow{DA},\overrightarrow{DB}) = 0$ (π) revient à dire que les points C et D appartiennent à la droite (AB). Dans ce cas les points A, B, C, D sont alignés.

Si $a \neq 0$ (π), alors $(\overrightarrow{CA},\overrightarrow{CB}) = (\overrightarrow{DA},\overrightarrow{DB}) = a$ (π) et la question a) montre que C et D appartiennent à un même cercle $\mathcal{C}$ qui passe par A et B. Les points A, B, C, D sont alors cocycliques puisqu'ils appartiennent tous au cercle $\mathcal{C}$. ∎

Voici deux problèmes de constructions géométriques résolus grâce à un raisonnement par analyse-synthèse :

Exercice 57 (*Ecrit du CAPES 2011*) *Soient B et C deux points distincts d'un plan. Soit M un point n'appartenant pas à la droite (BC). Déterminer s'il existe un point A qui vérifie l'assertion suivante : M est l'orthocentre du triangle ABC.*

Solution — On raisonne par analyse-synthèse.

Analyse — Si A est solution, alors A appartient à l'intersection de la perpendiculaire D_B à (CM) passant par B et de la perpendiculaire D_C à (BM) passant par C (FIG. 3.20).

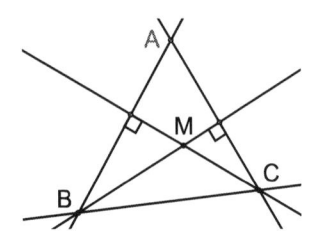

FIG. 3.20 – Cas de l'orthocentre

3.6. RAISONNEMENT PAR ANALYSE-SYNTHÈSE

Synthèse — On trace les droites D_B et D_C. Celles-ci se coupent en un point A qui est solution du problème. Pour vérifier que $D_B \cap D_C$ est un singleton, raisonnons par l'absurde et supposons que D_B et D_C soient parallèles. Dans ce cas :

$$\begin{cases} (CM) \perp D_B // D_C \\ (BM) \perp D_C \end{cases} \Rightarrow (CM)//(BM) \Rightarrow B, C, M \text{ alignés,}$$

ce qui est absurde car $M \notin (BC)$.

Conclusion — Il existe un unique point A solution, ceci quel que soit le choix de M hors de (BC). ∎

Exercice 58 *On considère deux cercles $\mathcal{C} = \mathcal{C}(O, r)$ de centre O et de rayon r, et $\mathcal{C}' = \mathcal{C}(O', r')$ de centre O' et de rayon r', disjoints, extérieurs l'un de l'autre, et de rayons différents. Comment construire les tangentes communes à ces cercles à la règle et au compas? Expliquez.*

Solution — On se réfère à la FIG. 3.21.

Analyse — Une tangente commune T aux cercles $\mathcal{C}$ et $\mathcal{C}'$ respectivement en H et H', est perpendiculaire aux rayons $[OH]$ et $[O'H']$, et coupe nécessairement la droite des centres (OO') en un point Ω (sinon $OHH'O'$ est un rectangle, et $r = r'$ en contradiction avec les hypothèses). L'homothétie h_Ω de centre Ω qui amène H sur H', amène aussi O sur O', et vérifie $h_\Omega(\mathcal{C}) = \mathcal{C}'$. La tangente T apparaît donc comme l'une des deux tangentes issues de Ω que l'ont peut abaisser sur $\mathcal{C}$.

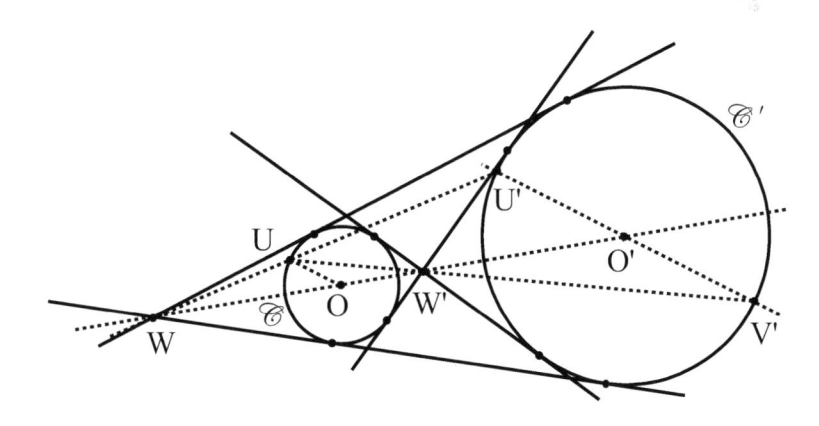

FIG. 3.21 – Tangente commune à deux cercles

Tout revient donc à construire les centres Ω des homothéties qui transforment $\mathcal{C}$ en $\mathcal{C}'$. Choisissons un point U de $\mathcal{C}$ non situé sur (OO'). La parallèle à (OU)

passant par O' coupe $\mathcal{C}'$ en deux points U' et V'. On constate que h_Ω transforme le rayon $[OU]$ de $\mathcal{C}$ en un rayon parallèle de $\mathcal{C}'$, c'est-à-dire en $[OU']$ où $[OV']$. Le centre Ω de h_Ω sera dont l'un des points d'intersection de (OO') et de l'une des droites (UU') ou (UV'), soit $\Omega \in \{W, W'\}$ sur la FIG. 3.21.

Synthèse — On choisit un point U de $\mathcal{C}$ non situé sur (OO'). La parallèle à (OU) passant par O' coupe $\mathcal{C}'$ en deux points U' et V'. On trace l'intersection Ω de (OO') et (UU'), et celle Ω' de (OO') et (UV'). Il est facile de voir que ces deux points sont bien les centres d'homothéties h_Ω et $h_{\Omega'}$ transformant $\mathcal{C}$ en $\mathcal{C}'$, et il suffit d'abaisser les tangentes à $\mathcal{C}$ issues de Ω, puis de Ω' pour obtenir les quatre tangentes communes aux cercles $\mathcal{C}$ et $\mathcal{C}'$.

En effet, si T désigne l'une des deux tangentes à $\mathcal{C}$ issues de Ω (on recommencerait de même avec Ω'), l'image $h_\Omega(T)$ est une droite qui coupe $\mathcal{C}'$ en un unique point (conservation des contacts), donc une tangente à $\mathcal{C}'$. ∎

> Voici un raisonnement par analyse-synthèse proposé en classe de seconde, dont le but est de démontrer qu'une certaine application définit une bijection de $\mathbb{R}\backslash\{1/2\}$ sur lui-même. Evidemment, le terme bijection est soigneusement évité.

Exercice 59 *On considère la fonction :*
$$f : \mathbb{R}\backslash\{1/2\} \to \mathbb{R}$$
$$x \mapsto f(x) = \frac{x+1}{2x-1}.$$
Montrer que pour tout $y \neq 1/2$, il existe $x \neq 1/2$ tel que $f(x) = y$.

Solution — Soit $y \in \mathbb{R}\backslash\{1/2\}$. S'il existe $x \neq 1/2$ tel que $f(x) = y$, alors :
$$\frac{x+1}{2x-1} = y \;\Rightarrow\; x + 1 = y(2x-1)$$
$$\Rightarrow\; 1 + y = x(2y-1)$$
$$\Rightarrow\; x = \frac{1+y}{2y-1}.$$

Cela montre que, si x existe, alors il est unique et parfaitement déterminé par l'expression que l'on vient de trouver. L'unicité de x est acquise sous réserve de son existence. La synthèse consiste à se donner un nombre y dans $\mathbb{R}\backslash\{1/2\}$, à poser :
$$x = \frac{1+y}{2y-1}$$

3.6. RAISONNEMENT PAR ANALYSE-SYNTHÈSE

ce qui est licite puisque le dénominateur $2y-1$ n'est pas nul, puis à vérifier que $x \neq 1/2$ et $f(x) = y$. Si l'on suppose par l'absurde que $x = 1/2$, on obtient :

$$\frac{1}{2} = \frac{1+y}{2y-1} \Rightarrow 2y - 1 = 2 + 2y \Rightarrow -1 = 2$$

ce qui est absurde, donc $x \neq 1/2$. Et enfin :

$$f(\frac{1+y}{2y-1}) = \frac{\frac{1+y}{2y-1}+1}{2\frac{1+y}{2y-1}-1} = \frac{3y}{2y-1} \times \frac{2y-1}{3} = y. \blacksquare$$

Pourquoi ne ferions-nous pas une petite incursion dans les espaces de formes bilinéaires à l'occasion d'un concours des impôts où les candidats ne devaient pas être trop préparés à cette question. La même méthode permettrait de démontrer que toute fonction réelle de la variable réelle définie sur $\mathbb{R}$ s'écrit de façon unique comme la somme d'une fonction paire et d'une fonction impaire.

Exercice 60 *(Ecrit du concours Inspecteur-élève analyste des impôts 2009) Soit E un espace vectoriel de dimension finie $n \geq 1$. Soit $\mathcal{L}_2$ (resp. $\mathcal{S}_2$, $\mathcal{A}_2$) l'espace des formes bilinéaires (resp. bilinéaires symétriques, bilinéaires antisymétriques) sur E. Montrer que $\mathcal{L}_2 = \mathcal{S}_2 \oplus \mathcal{A}_2$.*

Solution — a) Il s'agit de montrer que toute forme bilinéaire $\varphi \in \mathcal{L}_2$ s'écrit de façon unique sous la forme $\varphi = \psi + \xi$ où $\psi \in \mathcal{S}_2$ et $\xi \in \mathcal{A}_2$. Les définitions de $\mathcal{S}_2$ et $\mathcal{A}_2$ sont supposées connues, et rappelées à la fin de cette question. Nous allons raisonner par analyse et synthèse.

Analyse — Si la décomposition existe, alors :

$$\forall x, y \in E \quad \begin{cases} \varphi(x,y) = \psi(x,y) + \xi(x,y) \\ \varphi(y,x) = \psi(x,y) - \xi(x,y) \end{cases}$$

donc :

$$\forall x, y \in E \quad \begin{cases} \psi(x,y) = \frac{1}{2}(\varphi(x,y) + \varphi(y,x)) \\ \xi(x,y) = \frac{1}{2}(\varphi(x,y) - \varphi(y,x)). \end{cases} \quad (*)$$

Le système $(*)$ détermine parfaitement les formes bilinéaires ψ et ξ. On peut d'ores et déjà affirmer que, si ψ et ξ existent, alors elles sont données par les formules $(*)$, et donc elles sont uniques.

Synthèse — Les applications ψ et ξ définies par $(*)$ sont bien des formes bilinéaires, puisque ce sont des combinaisons linéaires de formes bilinéaires, et l'on a $\psi(y,x) = \psi(x,y)$ et $\xi(y,x) = -\xi(x,y)$ pour tout $(x,y) \in E^2$, donc $\psi \in \mathcal{S}_2$ et $\xi \in \mathcal{A}_2$. ∎

Rappels — Si E est un espace vectoriel sur un corps commutatif K, une forme bilinéaire φ sur E est une application de $E \times E$ dans K linéaire en chacune des variables. Rappelons aussi que φ est dite *symétrique* si pour tout $x, y \in E$, $\varphi(x,y) = \varphi(y,x)$, *antisymétrique* si pour tout $x, y \in E$, $\varphi(x,y) = -\varphi(y,x)$, et *alternée* si pour tout $x \in E$, $\varphi(x,x) = 0$. Si K est de caractéristique différente de 2, on montre facilement que φ est antisymétrique si et seulement si elle est alternée.

3.7 Raisonnement par récurrence

3.7.1 Description

Le raisonnement par récurrence permet de démontrer qu'une propriété $\mathcal{P}(n)$ indexée sur l'ensemble $\mathbb{N}$ des entiers naturels est vraie quel que soit $n \in \mathbb{N}$ en suivant deux étapes :

- *Initialisation* – On vérifie que $\mathcal{P}(0)$ est vraie.

- *Hérédité* – Pour tout $n \in \mathbb{N}$, on suppose que la propriété est vraie au rang n et on la démontre au rang $n+1$. Cela revient à démontrer l'implication :

$$\mathcal{P}(n) \text{ vraie} \Rightarrow \mathcal{P}(n+1) \text{ vraie.}$$

Après cela, on peut conclure que la propriété $\mathcal{P}(n)$ est vraie quel que soit n appartenant à $\mathbb{N}$. Le raisonnement par récurrence est donc décrit par la propriété suivante :

Propriété (R) — Si $\mathcal{P}(n)$ désigne une propriété indexée sur l'ensemble $\mathbb{N}$ des entiers naturels, alors :

$$\left.\begin{array}{l} \mathcal{P}(0) \text{ vraie} \\ \mathcal{P}(n) \text{ vraie} \Rightarrow \mathcal{P}(n+1) \text{ vraie} \end{array}\right\} \Rightarrow \forall n \in \mathbb{N}\ \mathcal{P}(n) \text{ vraie.}$$

Au XVIIe siècle, Jacques Bernoulli démontra la propriété :

$$\forall n \in \mathbb{N} \quad \forall x \in \mathbb{R}_+ \quad (1+x)^n \geq 1 + nx \quad (*)$$

par récurrence. Notons $\mathcal{P}(n)$ la propriété « $\forall x \in \mathbb{R}_+\ (1+x)^n \geq 1+nx$ ». La propriété $\mathcal{P}(0)$ est clairement vraie. Si l'on suppose qu'au rang n la propriété

3.7. RAISONNEMENT PAR RÉCURRENCE

$\mathcal{P}(n)$ est vraie, on peut écrire :

$$\begin{aligned}(1+x)^{n+1} = (1+x)^n(1+x) &\geq (1+nx)(1+x) \\ &\geq 1+(n+1)x+nx^2 \\ &\geq 1+(n+1)x\end{aligned}$$

puisque nx^2 est positif, et déduire que la propriété $\mathcal{P}(n+1)$ est vraie. On peut donc conclure en disant que l'affirmation $(*)$ est vraie.

Dans la démonstration que l'on vient de voir, pour démontrer que $\mathcal{P}(n+1)$ était vraie si l'on supposait que $\mathcal{P}(n)$ était vraie, on a forcément appliqué la propriété $\mathcal{P}(n)$ au rang n à un moment de la preuve. On dit alors que l'**on a appliqué l'hypothèse de récurrence**.

La propriété (R) décrit parfaitement le raisonnement par récurrence, mais il est important de bien comprendre que ce raisonnement peut aussi être décrit de façon ensembliste par la propriété (R') suivante :

> **Propriété** (R') — Si une partie de $\mathbb{N}$ contient 0 et contient le successeur de chacun de ses éléments, alors cette partie est égale à $\mathbb{N}$.

Montrons cette propriété :

$[(R) \Rightarrow (R')]$ Si la propriété (R) est vraie, considérons une partie E de $\mathbb{N}$ pour laquelle $0 \in E$ et :

$$n \in E \Rightarrow n+1 \in E.$$

Notons $\mathcal{P}(n)$ la propriété « $n \in E$ ». Les hypothèses sur E se traduisent en disant que $\mathcal{P}(0)$ est vraie et que si $\mathcal{P}(n)$ est vraie, alors $\mathcal{P}(n+1)$ l'est encore. On peut appliquer (R) et affirmer que $\mathcal{P}(n)$ est vraie quel que soit $n \in \mathbb{N}$, autrement dit $E = \mathbb{N}$. On a démontré l'assertion (R').

$[(R') \Rightarrow (R)]$ Si (R') est vraie, considérons une propriété $\mathcal{P}(n)$ quelconque indexée sur $\mathbb{N}$, vérifiée quand $n = 0$, et héréditaire. Posons :

$$E = \{n \in \mathbb{N} \,/\, \mathcal{P}(n) \text{ vraie}\}.$$

Alors E est une partie de $\mathbb{N}$ qui contient 0, telle que $n \in E$ entraîne $n+1 \in E$. Par l'hypothèse (R') on déduit que $E = \mathbb{N}$, ce qui se traduit immédiatement en disant que $\mathcal{P}(n)$ est vraie pour tout entier naturel n. ∎

Terminons cette section par une mise en garde : un raisonnement par récurrence n'est valide que si l'on a bien vérifié que la propriété est vraie à l'initialisation et possède un caractère héréditaire. Par exemple, affirmer que $4^n + 1$

est un multiple de 3 quel que soit $n \in \mathbb{N}$ parce que l'on a vérifié que si $4^n + 1$ était multiple de 3 alors :

$$4^{n+1} + 1 = (3+1)4^n + 1 = 3 \times 4^n + (4^n + 1)$$

était encore un multiple de 3 comme la somme de deux multiple de 3, ne suffit pas ! L'hérédité est vérifiée, mais quoi que l'on fasse $4^0 + 1 = 2$ n'est pas multiple de 3, donc la propriété est fausse si $n = 0$. D'ailleurs $4^n + 1 \equiv 1 + 1 \equiv 2$ modulo 3 quel que soit n.

3.7.2 Justification

Le raisonnement par récurrence peut être démontré si l'on définit $\mathbb{N}$ en utilisant l'axiomatique ordinale, mais doit être admis comme un axiome si on définit $\mathbb{N}$ en utilisant l'axiomatique de Peano. Le raisonnement par récurrence est intrinsèquement lié à la nature de $\mathbb{N}$, à sa construction même.

Axiomatique de Peano

Dans l'axiomatique de Peano, l'ensemble des entiers naturels $\mathbb{N}$ est défini comme étant un ensemble non vide vérifiant les trois axiomes :

(B1) Il existe une injection $s : \mathbb{N} \to \mathbb{N}$;

(B2) Il existe un élément de $\mathbb{N}$, noté 0, qui n'a pas d'antécédent par s ;

(B3) Si E est une partie de $\mathbb{N}$ qui contient 0 et vérifie :
$$n \in E \implies s(n) \in E,$$
alors $E = \mathbb{N}$ (axiome de récurrence).

On constate que la propriété (R') qui définit le raisonnement par récurrence est exactement le troisième axiome de $\mathbb{N}$. Un axiome ne se démontre pas : on travaille en le considérant comme vrai dans le cadre de la théorie où l'on se place.

Remarquons au passage que la notion d'axiome est très proche de celle de définition, car en définissant $\mathbb{N}$ à l'aide de trois axiomes, on n'affirme aucunement son existence. Dans l'absolu, un tel ensemble $\mathbb{N}$ pourrait ne pas exister. Mais à partir du moment où l'on désire travailler dans ce cadre, il faut bien admettre qu'il existe un ensemble $\mathbb{N}$ qui satisfait les trois axiomes cités, et cela revient à travailler dans une théorie dans laquelle on a rajouté quelques axiomes *ad hoc* pour faire ce qu'on a décidé de faire.

La fin justifie les moyens mis en oeuvre pour y parvenir ! On fera seulement attention à ne pas créer des axiomes redondants ou contradictoires, car toute la théorie en pâtirait. Ici, pour « jouer » avec $\mathbb{N}$, on a juste besoin de supposer son existence : cela suffira car l'unicité de l'objet $\mathbb{N}$ défini par ces axiomes peut être démontré, ce qui n'est pas ici notre objet.

3.7. RAISONNEMENT PAR RÉCURRENCE

Axiomatique ordinale

C'est l'axiomatique la plus adaptée à tous ceux qui passent des concours, car elle permet de jouer avec l'ordre : cette axiomatique offre instantanément trois propriétés fondamentales de $\mathbb{N}$ que l'on pourra utiliser dès qu'on en a besoin, et que l'on pourra défendre devant un jury d'oral si celui-ci demande d'où provient la propriété utilisée.

Qui n'a jamais utilisé dans un problème que le minimum d'une partie non vide de $\mathbb{N}$ existe ?

Dans l'axiomatique ordinale (c'est-à-dire « basée sur l'ordre »), $\mathbb{N}$ est un ensemble non vide qui possède les trois propriétés suivantes :

(A1) $\mathbb{N}$ est bien ordonné (autrement dit $\mathbb{N}$ est muni d'une relation d'ordre notée $\leq$ telle que toute partie non vide de $\mathbb{N}$ possède un plus petit élément) ;

(A2) $\mathbb{N}$ n'est pas majoré ;

(A3) Toute partie non vide majorée de $\mathbb{N}$ possède un plus grand élément.

Comme $\mathbb{N}$ est bien ordonné, il existe un entier naturel inférieur à tous les autres, noté 0. On l'appelle l'élément nul, et c'est le plus petit élément de $\mathbb{N}$.

Si $n \in \mathbb{N}$ l'ensemble $E_n = \{k \in \mathbb{N} \,/\, n < k\}$ n'est pas vide (sinon $\mathbb{N}$ serait majoré par n, absurde), donc possède un plus petit élément noté n^*, que l'on appelle le **successeur** de n. On a $n < n^*$ et $]n, n^*[= \varnothing$.

On pose $\mathbb{N}^* = \mathbb{N} \setminus \{0\}$. Si $n \in \mathbb{N}^*$, l'ensemble $\{k \in \mathbb{N} \,/\, k < n\}$ n'est pas vide puisqu'il contient 0, et il est majoré par n. Il admet donc un plus grand élément noté n_*, que l'on appelle le **prédécesseur** de n. On a $n_* < n$ et $]n_*, n[= \varnothing$.

La propriété de récurrence (R), équivalente à la propriété (R'), peut maintenant être démontrée à partir des trois axiomes de l'axiomatique ordinale :

Preuve de (R') dans le cadre de l'axiomatique ordinale — Soit E une partie de $\mathbb{N}$ telle que $0 \in E$ et :

$$n \in E \;\Rightarrow\; n+1 \in E.$$

Supposons par l'absurde que $E \neq \mathbb{N}$. Dans ce cas le complémentaire $\complement E$ de E dans $\mathbb{N}$ n'est pas vide, et comme $\mathbb{N}$ est bien ordonné, il existe un plus petit élément m de $\complement E$.

On a $m \neq 0$ puisque $0 \in E$. Mais alors m possède un prédécesseur $n = m_*$ qui appartient à E (s'il appartenait à $\complement E$, on aurait trouvé un élément de $\complement E$ strictement inférieur à m, ce qui est impossible puisque m est le minimum de $\complement E$). Mais si n appartient à E, $n^* = m$ aussi d'après nos hypothèses ! On a donc simultanément $m \in E$ et $m \in \complement E$, ce qui est contradictoire. ∎

3.7.3 Est-ce un principe ?

On entend souvent parler du **principe de récurrence**. Peut-on utiliser ce terme entre mathématiciens sans avoir une éruption d'eczéma ?

En fait, il vaudrait mieux ne pas l'utiliser car les seuls énoncés reconnus en mathématiques sont les définitions, les axiomes (propriétés indémontrables à la racine de chaque théorie), et les propriétés démontrées à partir des axiomes ou d'autres propriétés démontrées : théorèmes, propositions, lemmes, propriétés, scholies (remarque complémentaire suivant un théorème ou une proposition, souvent utilisée dans l'éthique de Spinoza), corollaires... sans oublier les remarques, les exemples et les contre-exemples.

En mathématiques, il vaut donc mieux éviter de parler de « principes », et la propriété de récurrence ne devrait pas faire exception : on sait d'ailleurs qu'il s'agit d'une proposition ou d'un axiome suivant l'axiomatique que l'on utilise pour introduire $\mathbb{N}$, point final !

Cela dit, on a pris l'habitude historique de parler de principe de récurrence, surtout aux XVIIe et XVIIIe siècles où l'axiomatique n'avait pas encore été inventée. Le raisonnement par récurrence apparaissait alors comme une loi naturelle immuable, un postulat que l'on serait fou de ne pas admettre comme vrai : ce sont les ancêtres des axiomes. D'un point de vue historique, et si l'on sait exactement l'abus que l'on commet, il n'y aura pas de danger à parler du principe de récurrence. Cela ne doit pas gêner outre mesure.

Le mot principe est utilisé en sciences expérimentales, pour parler d'une loi fondamentale démontrée par l'expérimentation. On pense au principe d'Archimède ou à celui de la gravitation universelle cher à Newton et issu de l'observation des pommes qui tombaient d'un pommier. A l'entrée « principe », le dictionnaire Larousse indique :

> « Proposition fondamentale, loi, règle définissant un phénomène dans un domaine d'études : principe d'Archimède. Base sur laquelle repose l'organisation de quelque chose, ou qui en régit le fonctionnement : classement établi sur le principe de l'ordre alphabétique. »

Les sciences expérimentales énoncent des lois qui doivent être vérifiées ou infirmées par l'expérimentation.

En mathématiques on ne démontre jamais un énoncé en le confrontant au réel à l'aide d'une expérimentation en laboratoire. La mathématique élabore des théories dans lesquelles on déduit logiquement des énoncés vrais à partir

3.7. RAISONNEMENT PAR RÉCURRENCE

d'un certain nombre d'énoncés primordiaux considérés comme vrais « dans la théorie », appelés **axiomes**.

Il faut bien le dire : on touche ici à la spécificité des mathématiques en tant que sciences. La mathématique est une science *logico-déductive*, en aucun cas une science expérimentale.

Il ne peut donc pas y avoir de principes en mathématiques !

3.7.4 Une panoplie de récurrences

Dans la littérature ou à l'oral on voit apparaître de nombreux types de récurrences, comme les récurrences fortes, descendantes, doubles, etc. C'est abusif car il n'existe qu'un seul énoncé de récurrence donné par (R) ou (R'), mais cela peut être commode pour mettre l'accent sur des façons adaptées d'utiliser ce raisonnement.

Il existe un seul raisonnement par récurrence, mais la variété des usages faits de ce raisonnement nous permet de donner un petit panorama de ses adaptations. Pour tout entier naturel n, considérons une propriété $\mathcal{P}(n)$ indexée sur $\mathbb{N}$, qui peut être vraie ou fausse.

Récurrence à partir d'un certain rang — Si $n_0 \in \mathbb{N}$, on démontre que la propriété $\mathcal{P}(n)$ est vraie à partir du rang n_0, en vérifiant que $\mathcal{P}(n_0)$ est vraie, puis que pour tout $n \geq n_0$, $\mathcal{P}(n)$ vraie entraîne $\mathcal{P}(n+1)$ vraie. Cela signifie qu'on a appliqué la récurrence classique avec la propriété $\mathcal{Q}(n) = \mathcal{P}(n_0 + n)$.

Récurrence finie — On démontre que $\mathcal{P}(n)$ est vraie pour tout entier naturel n compris entre deux entiers n_0 et n_1 donnés à l'avance tels que $n_0 < n_1$. La preuve par récurrence consiste alors à vérifier que $\mathcal{P}(n_0)$ est vraie, puis que pour tout $n \in [\![n_0, n_1 - 1]\!]$, $\mathcal{P}(n)$ vraie entraîne $\mathcal{P}(n+1)$ vraie. Cela revient à appliquer le raisonnement classique avec la propriété :

$$\mathcal{Q}(n) = \text{« } \mathcal{P}(n_0 + n) \text{ est vraie ou } n > n_1 - n_0 \text{ »}.$$

Récurrence descendante — Pour démontrer que la propriété $\mathcal{P}(n)$ est vraie pour tout entier compris entre deux entiers naturels n_0 et n_1 donnés à l'avance ($n_0 < n_1$), on montre que $\mathcal{P}(n_1)$ est vraie, puis que pour tout $n \in [\![n_0 + 1, n_1]\!]$, $\mathcal{P}(n)$ vraie entraîne $\mathcal{P}(n-1)$ vraie. Cela revient à écrire le raisonnement classique avec la propriété suivante :

$$\mathcal{Q}(n) = \text{« } \mathcal{P}(n_1 - n) \text{ est vraie ou } n > n_1 - n_0 \text{ »}.$$

Récurrence forte — On parle de récurrence forte quand on dope l'hypothèse à peu de frais en supposant que la propriété $\mathcal{P}(n)$ est vérifiée pour tous les entiers inférieurs à n. Cela ne coûte rien et permet de disposer d'une hypothèse très forte à chaque pas dans la démonstration de l'hérédité.

Le raisonnement s'articule ainsi : on vérifie que $\mathcal{P}(0)$ est vraie, puis on montre pour tout entier n que si $\mathcal{P}(k)$ est vraie pour tout $k \leq n$, alors $\mathcal{P}(n+1)$ est vraie. Cette façon de procéder revient à utiliser la récurrence classique avec la nouvelle propriété :

$$\mathcal{Q}(n) = \text{« } \mathcal{P}(k) \text{ est vraie quel que soit } k \leq n \text{ »}.$$

On peut aussi commencer à partir d'un certain rang n_0, utiliser cette hypothèse forte dans une récurrence finie ascendante ou descendante. Tous ces cas de figures sont possibles et justifiés comme on vient de le dire.

Récurrence faible — Se dit d'une récurrence qui n'est pas forte. L'hérédité consiste à montrer que, pour tout entier n, $\mathcal{P}(n)$ vraie entraîne $\mathcal{P}(n+)$ vraie. Comme on l'a vu ci-dessus, la distinction entre récurrence forte et récurrence faible est très arbitraire et liée à l'énoncé de la propriété $\mathcal{P}(n)$.

Double récurrence — On suppose que $\mathcal{P}(0)$ et $\mathcal{P}(1)$ sont vraies, et si pour tout entier $n \in \mathbb{N}$ on démontre que $\mathcal{P}(n)$ et $\mathcal{P}(n+1)$ entraînent $\mathcal{P}(n+2)$, alors on peut conclure en disant que $\mathcal{P}(n)$ est vraie quel que soit l'entier naturel n. Cette façon de raisonner revient à employer la récurrence classique avec la propriété :

$$\mathcal{Q}(n) = \text{« } n = 0 \text{ ou } (n \geq 1, \mathcal{P}(n-1) \text{ vraie et } \mathcal{P}(n) \text{ vraie »}}.$$

On pourrait parler de récurrence triple, quadruple, etc. Tout cela correspond au même principe. On retiendra tout de même bien que :

> Toutes ces différentes formes de récurrence se ramènent au raisonnement par récurrence simple représenté par la propriété (R) ou la propriété (R'). En définitive, on peut dire qu'il n'existe qu'un seul raisonnement par récurrence.

3.7.5 Exemples

Suites & séries

Exercice 61 *Montrer que pour tout $n \in \mathbb{N}^*$:*

$$1 + 2 + 3 + \ldots + n = \frac{n(n+1)}{2},$$

$$1 + 2^2 + 3^2 + \ldots + n^2 = \frac{n(n+1)(2n+1)}{6},$$

$$1 + 2^3 + 3^3 + \ldots + n^3 = \frac{n^2(n+1)^2}{4}.$$

3.7. RAISONNEMENT PAR RÉCURRENCE

Solution — Vérifions uniquement la troisième égalité. Si $n = 1$, l'égalité est vraie. Si l'on suppose l'égalité vraie au rang $n - 1$, l'hypothèse de récurrence permet d'écrire :

$$\begin{aligned}
1 + 2^3 + 3^3 + \ldots + (n-1)^3 + n^3 &= \frac{(n-1)^2 n^2}{4} + n^3 \\
&= \frac{n^2((n-1)^2 + 4n)}{4} \\
&= \frac{n^2(n+1)^2}{4}
\end{aligned}$$

et la formule est démontrée au rang n. ∎

Exercice 62 *Montrer que :*

$$\forall n \in \mathbb{N}^* \quad \sum_{k=1}^{n} \frac{1}{k(k+1)} = \frac{n}{n+1}.$$

Solution — La propriété est évidente si $n = 1$. Si elle est vraie au rang n, alors :

$$\begin{aligned}
\sum_{k=1}^{n+1} \frac{1}{k(k+1)} &= \frac{n}{n+1} + \frac{1}{(n+1)(n+2)} \\
&= \frac{n(n+2) + 1}{(n+1)(n+2)} = \frac{(n+1)^2}{(n+1)(n+2)} = \frac{n+1}{n+2}
\end{aligned}$$

donc la propriété est vraie au rang $n + 1$. En fait on peut éviter de raisonner par récurrence si l'on remarque que l'on a affaire à une série télescopique :

$$\begin{aligned}
\sum_{k=1}^{n} \frac{1}{k(k+1)} &= \sum_{k=1}^{n} \left(\frac{1}{k} - \frac{1}{k+1} \right) \\
&= \left(1 - \frac{1}{2}\right) + \left(\frac{1}{2} - \frac{1}{3}\right) + \left(\frac{1}{3} - \frac{1}{4}\right) + \ldots + \left(\frac{1}{n} - \frac{1}{n+1}\right) \\
&= 1 - \frac{1}{n+1} = \frac{n}{n+1}. \blacksquare
\end{aligned}$$

Exercice 63 *Montrer que pour tout entier $n \geq 2$, la somme :*

$$S_n = 1 + \frac{1}{2} + \ldots + \frac{1}{n}$$

n'est pas un nombre entier. On pourra raisonner par récurrence en notant que les premières valeurs $S_2 = 3/2$, $S_3 = 11/6$, $S_4 = 25/12$ sont des quotients d'un impair par un pair.

Solution — Montrons la propriété $H(n)$: « Pour tout $k \in \{2, ..., n\}$, S_n est le quotient d'un impair par un pair » par récurrence sur n. La propriété est vraie quand $n = 2$ car $S_2 = 3/2$. Si elle est vraie au rang $n-1$, de deux choses l'une :

- Si n est pair, il existe $m \in \mathbb{N}$ tel que $n = 2m$, et :

$$\begin{aligned} S_n &= 1 + \frac{1}{2} + ... + \frac{1}{2m} \\ &= \left(\frac{1}{2} + \frac{1}{4} + ... + \frac{1}{2m}\right) + \left(1 + \frac{1}{3} + ... + \frac{1}{2m-1}\right) \\ &= \frac{1}{2} S_m + A \end{aligned}$$

où A est une somme de fractions dont tous les dénominateurs sont impairs. C'est donc aussi une fraction de dénominateur impair et l'on peut écrire :

$$A = \frac{a}{2b+1}$$

où $a, b \in \mathbb{N}$. L'hypothèse de récurrence montre qu'il existe des entiers p et q (avec $q \neq 0$) tels que $S_m = (2p+1)/2q$. Par suite :

$$S_n = \frac{2p+1}{4q} + \frac{a}{2b+1} = \frac{2(2bp+p+b+2aq)+1}{4q(2b+1)}$$

et S_n est bien le quotient d'un impair par un pair.

- Si n est impair, il existe $m \in \mathbb{N}$ tel que $n = 2m+1$, et l'hypothèse récurrente assure l'existence de $(p, q) \in \mathbb{N} \times \mathbb{N}^*$ tels que $S_{n-1} = (2p+1)/2q$. Dans ce cas :

$$S_n = S_{n-1} + \frac{1}{n} = \frac{2p+1}{2q} + \frac{1}{2m+1} = \frac{2(2pm+p+m+q)+1}{2q(2m+1)}$$

est encore comme le quotient d'un impair par un pair. ∎

Les suites récurrentes linéaires d'ordre 2 sont définies par récurrence par la donnée de leurs deux premiers termes et par une relation de récurrence. La question suivante, tirée du CAPES externe 2001, demandait explicitement de démontrer ce qu'on a l'habitude de considérer comme évident. Voilà le moment de prendre le risque de rédiger deux raisonnements par récurrence :

Exercice 64 *Soient a et b deux éléments d'un corps commutatif $\mathbb{K}$. On note $\mathcal{R}(a, b)$ l'ensemble des suites (u_n) de $\mathbb{K}$ qui vérifient :*

$$\forall n \in \mathbb{N} \quad u_{n+2} = au_{n+1} + bu_n. \quad (E)$$

Montrer que pour tout $(x, y) \in \mathbb{K}^2$ il existe une unique suite (u_n) de $\mathcal{R}(a, b)$ telle que $u_0 = x$ et $u_1 = y$.

3.7. RAISONNEMENT PAR RÉCURRENCE

Solution — *Existence* — On montre par récurrence que la propriété suivante est vraie pour tout $n \in \mathbb{N}$:

$\mathcal{P}(n)$: « Il est possible de construire $n+2$ scalaires $u_0, ..., u_{n+1}$ tels que $u_0 = x$, $u_1 = y$ et $u_{k+2} = au_{k+1} + bu_k$ pour tout $k \in \{0, ..., n-1\}$. »

$\mathcal{P}(0)$ est triviale. Si $\mathcal{P}(n)$ est vraie, soit $(u_0, ..., u_{n+1})$ une suite qui vérifie la condition $\mathcal{P}(n)$. Il suffit de poser $u_{n+2} = au_{n+1} + bu_n$ pour que la suite $(u_0, ..., u_{n+1}, u_{n+2})$ vérifie la condition $\mathcal{P}(n+1)$.

Unicité — Si deux suites (u_n) et (v_n) vérifient $u_0 = v_0 = x$, $u_1 = v_1 = y$ et la condition (E), on vérifie par récurrence que la propriété :

$$\mathcal{Q}(n): \forall k \leq n \quad u_k = v_k$$

est vraie quel que soit $n \in \mathbb{N}$. La propriété est triviale aux rangs 0 et 1. Si elle est vraie au rang n, on aura bien sûr $u_k = v_k$ pour tout $k \leq n$, mais aussi :

$$u_{n+1} = au_n + bu_{n-1} = av_n + bv_{n-1} = v_{n+1},$$

d'où la propriété au rang $n+1$. ∎

FONCTIONS

Exercice 65 *On définit la suite de polynômes $(P_n)_{n \in \mathbb{N}}$ par récurrence en posant $P_0(X) = 2$, $P_1(X) = X$ et $P_{n+2}(X) = XP_{n+1}(X) - P_n(X)$ pour tout $n \in \mathbb{N}$. Montrer que :*

$$\forall n \in \mathbb{N} \quad \forall x \in \mathbb{R} \quad P_n\left(x + \frac{1}{x}\right) = x^n + \frac{1}{x^n}.$$

Solution — On raisonne par récurrence double. La propriété est triviale si $n = 0$ ou 1. Si elle est vraie aux rangs n et $n+1$,

$$\begin{aligned}
P_{n+2}\left(x + \frac{1}{x}\right) &= \left(x + \frac{1}{x}\right) P_{n+1}\left(x + \frac{1}{x}\right) - P_n\left(x + \frac{1}{x}\right) \\
&= \left(x + \frac{1}{x}\right)\left(x^{n+1} + \frac{1}{x^{n+1}}\right) - \left(x^n + \frac{1}{x^n}\right) \\
&= x^{n+2} + \frac{1}{x^{n+2}}
\end{aligned}$$

donc elle est encore vraie au rang $n+2$. ∎

Exercice 66 *Montrer que l'inégalité $|\sin(nx)| \leq n|\sin x|$ est vraie pour tout $n \in \mathbb{N}$ et tout $x \in \mathbb{R}$.*

Solution — L'inégalité proposée est évidente si $n = 0$ ou 1. Si l'on a $|\sin(nx)| \leq n|\sin x|$ au rang n, alors :

$$\sin((n+1)x) = \sin(nx + x) = \sin(nx)\cos x + \sin x \cos(nx)$$

et l'inégalité triangulaire permet d'écrire :

$$\begin{aligned}|\sin((n+1)x)| &\leq |\sin(nx)||\cos x| + |\sin x||\cos(nx)| \\ &\leq |\sin(nx)| + |\sin x| \\ &\leq n|\sin x| + |\sin x| \quad \text{(par l'hypothèse récurrente)} \\ &\leq (n+1)|\sin x|.\end{aligned}$$

Cela prouve la propriété au rang $n+1$, et achève notre raisonnement par récurrence. ∎

Exercice 67 *Montrer que pour tout $n \in \mathbb{N}$, la fonction $f_n : t \mapsto t^n e^{-t}$ est intégrable sur $\mathbb{R}_+$.*

Solution — Raisonnons par récurrence sur n. Pour tout entier naturel n la fonction f_n est continue sur $[0; +\infty[$ donc localement intégrable sur $[0; +\infty[$. Si $n = 0$,

$$\lim_{x \to +\infty}\left(\int_0^x e^{-t}dt\right) = \lim_{x \to +\infty}\left[-e^{-t}\right]_0^x = \lim_{x \to +\infty}(-e^{-t} + 1) = 1$$

donc l'intégrale $\int_0^{+\infty} e^{-t}dt$ converge, et la fonction f_0 sera intégrable sur $[0; +\infty[$. Supposons maintenant qu'au rang n, l'application f_n soit intégrable sur $[0; +\infty[$. Pour tout $x \geq 0$, une intégration par parties donne :

$$\begin{aligned}\int_0^x t^{n+1}e^{-t}dt &= \left[-t^{n+1}e^{-t}\right]_0^x + (n+1)\int_0^x t^n e^{-t}dt \\ &= -x^{n+1}e^{-x} + (n+1)\int_0^x t^n e^{-t}dt.\end{aligned}$$

Comme $\lim_{x \to +\infty}(-x^{n+1}e^{-x}) = 0$, et comme $\lim_{x \to +\infty}\int_0^x t^n e^{-t}dt$ existe par application de l'hypothèse de récurrence au rang n, on peut affirmer que l'intégrale $\int_0^x t^{n+1}e^{-t}dt$ tend vers une limite finie quand x tend vers $+\infty$. Cela montre que la fonction f_{n+1} est intégrable, et permet d'achever notre raisonnement. ∎

Exercice 68 *Montrer que pour tout $n \in \mathbb{N}^*$, les dérivées n-ièmes des fonctions cosinus et sinus sont données par :*

$$\cos^{(n)} x = \cos\left(x + n\frac{\pi}{2}\right) \quad et \quad \sin^{(n)} x = \sin\left(x + n\frac{\pi}{2}\right).$$

3.7. RAISONNEMENT PAR RÉCURRENCE

Solution — Les formules sont évidentes au rang $n = 0$. Si elles sont vraies au rang n, alors :

$$\cos^{(n+1)} x = \left(\cos\left(x + n\frac{\pi}{2}\right)\right)'$$
$$= -\sin\left(x + n\frac{\pi}{2}\right) = \cos\left(x + n\frac{\pi}{2} + \frac{\pi}{2}\right) = \cos\left(x + (n+1)\frac{\pi}{2}\right)$$

$$\sin^{(n+1)} x = \left(\sin\left(x + n\frac{\pi}{2}\right)\right)'$$
$$= \cos\left(x + n\frac{\pi}{2}\right) = \sin\left(x + n\frac{\pi}{2} + \frac{\pi}{2}\right) = \sin\left(x + (n+1)\frac{\pi}{2}\right)$$

et les formules sont encore vraies au rang $n + 1$. Cela achève le raisonnement par récurrence. ■

Dénombrabilite

Voici une énumération des éléments de $\mathbb{N} \times \mathbb{N}$ qui nous permet d'affirmer qu'un produit cartésien de deux ensembles dénombrables est dénombrable. La surjectivité de φ peut être démontrée par récurrence, même si cela n'est pas facile à mettre en place et demande d'interpréter graphiquement l'énumération à laquelle on s'intéresse :

Exercice 69 *Montrer que l'application :*

$$\varphi : \begin{array}{rcl} \mathbb{N} \times \mathbb{N} & \to & \mathbb{N} \\ (n, p) & \mapsto & \dfrac{(n+p)(n+p+1)}{2} + p \end{array}$$

est bijective. En déduire que le produit cartésien de deux ensembles dénombrables est dénombrable. Connaissez-vous une démonstration arithmétique de ce résultat qui s'écrit en quelques lignes ?

Solution — L'interprétation graphique de la numérotation des éléments du produit cartésien $\mathbb{N} \times \mathbb{N}$ donnée par φ permet de mieux comprendre ce que représente φ. Considérons la numérotation diagonale décrite dans la FIG. 3.22. Le point $(0,0)$ est numéroté 0, $(1,0)$ est numéroté 1, $(1,1)$ est numéroté 2, $(2,0)$ est numéroté 3, et ainsi de suite. Dans la figure, les numéros de certains points (n, p) de $\mathbb{N} \times \mathbb{N}$ ont été entourés.

Le triangle limité par les axes de coordonnées et la droite d'équation cartésienne $n + p = r - 1$ (bords inclus) contient $1 + 2 + ... + r = \frac{r(r+1)}{2}$ points, de

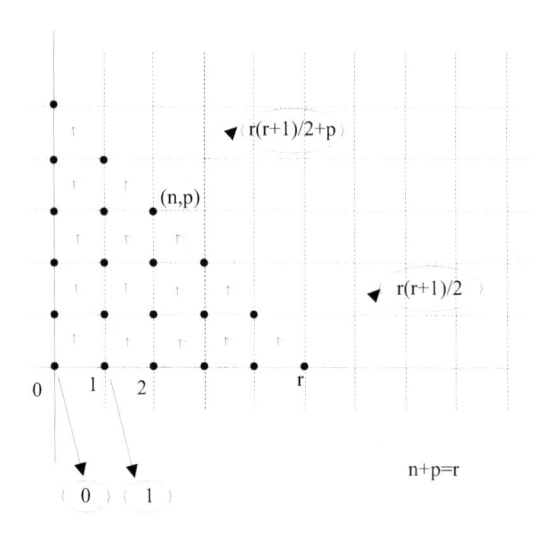

FIG. 3.22 – Une énumération des éléments de $\mathbb{N} \times \mathbb{N}$

sorte que le point de coordonnées $(r,0)$ sera numéroté $\frac{r(r+1)}{2}$. La bijection de $\mathbb{N} \times \mathbb{N}$ dans $\mathbb{N}$ déduite de cette numérotation diagonale s'écrit donc :

$$\begin{aligned} \varphi : \mathbb{N} \times \mathbb{N} &\to \mathbb{N} \\ (n,p) &\mapsto \frac{r(r+1)}{2} + p \quad \text{où } r = n+p. \end{aligned}$$

Cette vision graphique donne des idées pour montrer φ est bijective :

Première solution — Soit $x \in \mathbb{N}$. On cherche un couple d'entiers naturels (n,p) tel que $\varphi(n,p) = x$, ce qui revient à chercher trois entiers naturels r, n, p tels que $\frac{r(r+1)}{2} + p = x$ avec $r = n+p$. Comme :

$$\frac{r(r+1)}{2} \leq x < \frac{r(r+1)}{2} + r + 1 = \frac{(r+1)(r+2)}{2}$$

et comme $\left\{ [\frac{r(r+1)}{2}, \frac{(r+1)(r+2)}{2}[\right\}_{r \in \mathbb{N}}$ est une partition de $\mathbb{N}$, il existera un unique entier r tel que :

$$x \in [\frac{r(r+1)}{2}, \frac{(r+1)(r+2)}{2}[\quad (*)$$

et nécessairement $p = x - \frac{r(r+1)}{2}$ et $n = r - p$. On vient de montrer qu'il existe au plus un couple (n,p) tel que $\varphi(n,p) = x$, ce qui démontre que φ est injective. La surjectivité est facile : si x est donné, il suffit de définir r comme

3.7. RAISONNEMENT PAR RÉCURRENCE

étant l'unique entier vérifiant $(*)$, puis de poser $p = x - \frac{r(r+1)}{2}$ et $n = r - p$, pour obtenir $\varphi(n,p) = \frac{r(r+1)}{2} + p = x$.

Deuxième solution — On raisonne par récurrence en utilisant l'interprétation graphique de φ donnée plus haut.

$\star$ Montrons que φ est injective. Si l'égalité $\varphi(n,p) = \varphi(n',p')$ a lieu, montrons que $(n,p) = (n',p')$. On envisage deux cas.

- Si $n + p = n' + p'$, alors $\varphi(n,p) = \varphi(n',p')$ entraîne $p = p'$ puis $n = n'$.
- Si $n + p < n' + p'$,

$$\begin{aligned}\varphi(n,p) &= \frac{(n+p)(n+p+1)}{2} + p \\ &< \frac{(n+p)(n+p+1)}{2} + (n+p+1) \\ &< \frac{(n+p+1)(n+p+2)}{2} \leq \frac{(n'+p')(n'+p'+1)}{2}\end{aligned}$$

entraîne $\varphi(n,p) < \varphi(n',p')$, ce qui est absurde. Ce cas ne se présentera donc jamais.

$\star$ Montrons que φ est surjective. Pour cela, montrons que $\mathbb{N} = \operatorname{Im}\varphi$ par récurrence. On a $0 = \varphi(0,0)$ donc $0 \in \operatorname{Im}\varphi$. Si $m \in \operatorname{Im}\varphi$, il existe $(n,p) \in \mathbb{N}^2$ tel que $\varphi(n,p) = m$. De deux choses l'une (pour comprendre cette disjonction de cas, il faut repenser à l'interprétation graphique de φ) :

- Si $n \neq 0$, $m + 1 = \varphi(n,p) + 1 = \varphi(n-1, p+1)$,
- Si $n = 0$, $m + 1 = \varphi(0,p) + 1 = \varphi(p+1, 0)$,

et dans les deux cas on conclut à $m + 1 \in \operatorname{Im}\varphi$.

Nous venons de montrer que le produit cartésien $\mathbb{N} \times \mathbb{N}$ est dénombrable. Si E et F sont deux ensembles dénombrables, ils sont équipotents à $\mathbb{N}$, donc le produit cartésien $E \times F$ est équipotent à $\mathbb{N} \times \mathbb{N}$, qui est équipotent à $\mathbb{N}$ comme nous venons de le voir. On peut donc affirmer que le produit cartésien de deux ensembles dénombrables est dénombrable.

Méthode arithmétique plus rapide — Comme tout entier naturel strictement plus grand que 1 admet une décomposition unique en produit de facteurs premiers, il n'est pas difficile de voir que l'application :

$$\begin{aligned}\xi : \mathbb{N} \times \mathbb{N} &\to \mathbb{N} \\ (x,y) &\mapsto 2^x 3^y\end{aligned}$$

est injective, autrement dit que $2^x 3^y = 2^{x'} 3^{y'}$ entraîne $(x,y) = (x',y')$. On dispose donc d'une injection de $\mathbb{N} \times \mathbb{N}$ dans $\mathbb{N}$, qui est un ensemble dénombrable, et cela impose à $\mathbb{N} \times \mathbb{N}$ d'être au plus dénombrable. Comme $\mathbb{N} \times \mathbb{N}$ est infini, il sera dénombrable. ∎

ARITHMETIQUE

Voici quelques exemples en arithmétique :

Exercice 70 *Montrer que $4^{2n+2} - 15n \equiv 16 \ (225)$ quel que soit $n \in \mathbb{N}^*$.*

Solution — Cet exercice est tiré de la leçon sur le raisonnement par récurrence de [38]. On raisonne par récurrence sur n. La propriété est vraie si $n = 1$ puisque :
$$4^4 - 15 \equiv 256 - 15 \equiv 241 \equiv 225 + 16 = 16 \ (225).$$

Si la congruence est satisfaite au rang n, posons $N = 4^{2(n+1)+2} - 15(n+1)$ et montrons que $N \equiv 16 \ (225)$. On a :

$$\begin{aligned} N &\equiv 4^{2n+2} \times 4^2 - 15n - 15 \\ &\equiv (15n + 16) \times 4^2 - 15n - 15 \\ &\equiv 15n \times 15 + 16 \times 4^2 - 15 \\ &\equiv 225n + 256 - 15 \equiv 31 - 15 \equiv 16 \ (225) \end{aligned}$$

donc la congruence proposée est vraie au rang $n+1$, et l'on peut conclure. ∎

Bien sûr, le petit Théorème de Fermat peut être vu comme une conséquence immédiate du Théorème de Lagrange, ou démontré en observant des restes ([22], Question 336) mais dans l'exercice suivant, nous allons le démontrer en utilisant une récurrence :

Exercice 71 (Petit Théorème de Fermat) *Si p est premier, démontrez que $a^p \equiv a \ (p)$ pour tout entier relatif a.*

Solution — Soit $\mathcal{P}(a)$ la propriété : « Pour tout p premier, $a^p - a$ est divisible par p. ». Cette propriété est triviale si $a = 0$. Si elle est vraie au rang a, la formule du binôme de Newton permet d'écrire :

$$\begin{aligned} (a+1)^p - (a+1) &= a^p + \sum_{k=1}^{p-1} \binom{p}{k} a^k + 1 - (a+1) \\ &\equiv a^p - a \\ &\equiv 0 \ (p) \end{aligned}$$

3.7. RAISONNEMENT PAR RÉCURRENCE

en appliquant l'hypothèse récurrente et en utilisant le fait que tous les coefficients binomiaux $\binom{p}{k}$ sont divisibles par p dès que $1 \leq k \leq p$ ([22], Question 293). La propriété $\mathcal{P}(a)$ est donc vraie quel que soit $a \in \mathbb{N}$. On vérifie ensuite que la congruence $a^p \equiv a \ (p)$ reste vraie si a est un entier strictement négatif. Dans ce cas, on peut toujours écrire $a = -b$ avec $b \in \mathbb{N}$, et :

$$\begin{aligned} a^p \equiv a \ (p) \quad &\Leftrightarrow \quad (-b)^p \equiv -b \ (p) \\ &\Leftrightarrow \quad (-1)^p b^p \equiv -b \ (p) \\ &\Leftrightarrow \quad (-1)^p b \equiv -b \ (p) \quad (*) \end{aligned}$$

puisque $b^p \equiv b \ (p)$ d'après ce que nous avons montré précédemment. Si p est impair, $(-1)^p = -1$ donc la congruence $(*)$ est vraie. Si p est pair, comme p est premier il ne peut s'agir que de $p = 2$, et alors $(*)$ s'écrit $b \equiv -b \ (2)$, ce qui est encore vrai.

Remarque — Pour démontrer que $a^p \equiv a \ (p)$ pour tout entier a négatif, on peut aussi écrire la division euclidienne $a = pq + r$ de a par p, avec $0 \leq r < p$, et développer l'expression $(a+1)^p - (a+1)$ en utilisant la formule du binôme de Newton, pour ramener le problème à la divisibilité de $(r+1)^p - (r+1)$ qui a déjà été résolu. ∎

ALGEBRE LINEAIRE

L'exemple suivant est important car constitue le premier pas de la démonstration du Théorème de la dimension dans la théorie des espaces vectoriels. Ce Théorème et celui de la base incomplète sont les deux résultats fondamentaux qu'il faut connaître en algèbre linéaire, explicités en [27].

L'utilisation d'un raisonnement par récurrence est ici parfaite car permet d'établir une relation de dépendance entre les vecteurs u_1, ..., u_{n+1} sans avoir jamais à expliciter les coefficients qui interviennent vraiment dans cette relation. C'est bien pour cela que le raisonnement par récurrence est d'une puissance remarquable !

Exercice 72 *Soit $n \in \mathbb{N}$. On se place dans un espace vectoriel E sur un corps commutatif K. Montrer que toute famille de vecteurs de cardinal $n+1$ dont chacun des vecteurs s'exprime comme combinaison linéaire de n vecteurs donnés, est liée.*

Solution — Plaçons-nous dans un espace vectoriel E, et montrons la propriété suivante par récurrence sur n :

$\mathcal{P}(n)$: « Toute famille de vecteurs de cardinal $n+1$ dont chacun des vecteurs s'exprime comme combinaison linéaire de n vecteurs donnés, est liée. »

La propriété $\mathcal{P}(0)$ est satisfaite puisque, par convention, la seule combinaison linéaire d'une famille de vecteurs indexée par $\varnothing$ est 0 (vecteur nul).

Si l'on ne veut pas utiliser la propriété au rang $n = 0$ en arguant qu'il s'agit seulement d'une convention, on peut facilement voir que la propriété $\mathcal{P}(1)$ est vraie. En effet, si (u_1, u_2) est une famille de deux vecteurs telle qu'il existe des scalaires a et b vérifiant $u_1 = ae_1$ et $u_2 = be_1$, où $e_1 \in E$, alors $bu_1 - au_2 = 0$ avec $(a, b) \neq (0, 0)$ sauf si les deux vecteurs u_i sont nuls, et dans tous les cas la famille (u_1, u_2) est liée.

Supposons que $\mathcal{P}(n)$ soit vraie, et considérons un système de $n+1$ vecteurs $(u_1, ..., u_{n+1})$ pour lequel il existe des scalaires a_{ij} tels que :

$$\begin{cases} u_1 = a_{11}e_1 + ... + a_{1n}e_n \\ \quad ...... \\ u_n = a_{n1}e_1 + ... + a_{nn}e_n \\ u_{n+1} = a_{n+1,1}e_1 + ... + a_{n+1,n}e_n, \end{cases}$$

où les e_i sont des vecteurs de E. Si $u_{n+1} = 0$, le système $(u_1, ..., u_{n+1})$ est lié. Si $u_{n+1} \neq 0$, l'un au moins des coefficients $a_{n+1,j}$ intervenant dans l'écriture de u_{n+1} n'est pas nul, et l'on peut supposer que $a_{n+1,1} \neq 0$ sans restreindre la généralité. Dans ce cas :

$$\begin{cases} v_1 = u_1 - \dfrac{a_{11}}{a_{n+1,1}} u_{n+1} \in \text{Vect}(e_2, ..., e_n) \\ \quad ...... \\ v_n = u_n - \dfrac{a_{n1}}{a_{n+1,1}} u_{n+1} \in \text{Vect}(e_2, ..., e_n), \end{cases}$$

et l'hypothèse récurrente au rang n montre que le système $(v_1, ..., v_n)$ est lié. Il existe donc des scalaires λ_i non tous nuls, tels que :

$$\sum_{i=1}^{n} \lambda_i \left(u_i - \frac{a_{i1}}{a_{n+1,1}} u_{n+1} \right) = 0.$$

Cela s'écrit :

$$\sum_{i=1}^{n} \lambda_i u_i - \left(\sum_{i=1}^{n} \frac{\lambda_i a_{i1}}{a_{n+1,1}} \right) u_{n+1} = 0$$

et forme une relation de dépendance non triviale entre les vecteurs u_1, ..., u_{n+1}. La propriété $\mathcal{P}(n+1)$ est ainsi démontrée. ∎

3.7. RAISONNEMENT PAR RÉCURRENCE

Formes multilineaires

Notons $\mathcal{L}_p(E;F)$ l'ensemble des applications p-linéaires d'un K-espace vectoriel E vers un autre F. Si $f \in \mathcal{L}_p(E;F)$, rappelons que f est dite **symétrique** si $f(x_1, ..., x_p)$ reste le même quand on échange deux vecteurs quelconques x_i et x_j dans la liste $(x_1, ..., x_p)$, et **antisymétrique** si la valeur de $f(x_1, ..., x_p)$ est changée en son opposée quand on échange deux vecteurs x_i et x_j. Notons $\mathfrak{S}_p$ le groupe symétrique d'ordre p. Le résultat suivant est extrait de [28] :

Exercice 73 *Soit $f \in \mathcal{L}_p(E;F)$. Si $\sigma \in \mathfrak{S}_p$, on définit l'application $\sigma(f)$ de E^p dans F en posant :*

$$\forall x = (x_1, ..., x_p) \in E^p \quad \sigma(f)(x_1, ..., x_p) = f(x_{\sigma(1)}, ..., x_{\sigma(p)}).$$

Montrer que :
1) f est symétrique si et seulement si $\sigma(f) = f$ pour tout $\sigma \in \mathfrak{S}_p$.
2) f est antisymétrique si et seulement si $\sigma(f) = \varepsilon(\sigma) f$ pour tout $\sigma \in \mathfrak{S}_p$, où $\varepsilon(\sigma)$ désigne la signature de σ.

Solution — 1) La condition est suffisante comme on le voit en écrivant $\sigma(f) = f$ avec une transposition σ quelconque. Montrons qu'elle est nécessaire. Si f est symétrique et si $\sigma \in \mathfrak{S}_p$, il existe $m \in \mathbb{N}$ et des transpositions τ_i ($1 \leq i \leq m$) telles que $\sigma = \tau_1 \circ \tau_2 \circ ... \circ \tau_m$, et il s'agit de démontrer que $\sigma(f) = f$. Tout revient donc à montrer que la propriété :

$$\forall k \in [\![1, m]\!] \quad (\tau_1 \circ \tau_2 \circ ... \circ \tau_k)(f) = f$$

est vraie par récurrence finie sur k. Si $k = 1$, on a $\tau_1(f) = f$ puisque f est symétrique. Si la propriété est vraie au rang k, avec $k < m$, alors :

$$\begin{aligned}(\tau_1 \circ \tau_2 \circ ... \circ \tau_{k+1})(f) &= (\tau_1 \circ \tau_2 \circ ... \circ \tau_k)(\tau_{k+1}(f)) \\ &= (\tau_1 \circ \tau_2 \circ ... \circ \tau_k)(f) = f\end{aligned}$$

en appliquant la propriété au rang k, ce qui achève la preuve.

2) On reproduit la preuve précédente en utilisant le fait que la signature d'une permutation est une fonction multiplicative, c'est-à-dire telle que $\varepsilon(\sigma\rho) = \varepsilon(\sigma)\varepsilon(\rho)$ quelles que soient les permutations σ et ρ.

Tout d'abord la condition est clairement suffisante comme on le voit en écrivant $\tau(f) = \varepsilon(\tau) f = -f$ avec une transposition τ quelconque. Réciproquement, si f est antisymétrique et si $\sigma \in \mathfrak{S}_p$, il existe $m \in \mathbb{N}$ et des transpositions

τ_i $(1 \le i \le m)$ telles que $\sigma = \tau_1 \circ \tau_2 \circ ... \circ \tau_m$, et il s'agit de montrer que $\sigma(f) = \varepsilon(\sigma)f$. Tout revient à démontrer la propriété :

$$\forall k \in [\![1, m]\!] \quad (\tau_1 \circ \tau_2 \circ ... \circ \tau_k)(f) = \varepsilon(\sigma)f$$

par récurrence sur k. Si $k = 1$, on a $\tau_1(f) = -f = \varepsilon(\tau_1)f$ puisque f est antisymétrique. Si la propriété est vraie au rang k, avec $k < m$, alors :

$$\begin{aligned}(\tau_1 \circ \tau_2 \circ ... \circ \tau_{k+1})(f) &= (\tau_1 \circ \tau_2 \circ ... \circ \tau_k)(\tau_{k+1}(f)) \\ &= (\tau_1 \circ \tau_2 \circ ... \circ \tau_k)(\varepsilon(\tau_{k+1})f)\end{aligned}$$

et l'hypothèse récurrente au rang k donne :

$$\begin{aligned}(\tau_1 \circ \tau_2 \circ ... \circ \tau_k)(\varepsilon(\tau_{k+1})f) &= \varepsilon(\tau_1 \circ \tau_2 \circ ... \circ \tau_k)\varepsilon(\tau_{k+1})f \\ &= \varepsilon(\tau_1 \circ \tau_2 \circ ... \circ \tau_k \circ \tau_{k+1})f\end{aligned}$$

d'où la propriété au rang $k+1$. ∎

Chercher l'erreur

Exercice 74 *On veut montrer que dans toute boîte contenant n crayons de couleur, tous les crayons sont de la même couleur. On raisonne par récurrence sur n. La propriété est triviale si $n = 1$. Si elle est vraie au rang n, on considère une boîte contenant $n+1$ crayons de couleur numérotés de 1 à $n+1$. Si on enlève le premier crayon de la boîte, celle-ci ne contient plus que des crayons de même couleur d'après l'hypothèse récurrente. Si l'on enlève le dernier crayon de la boîte, celle-ci ne contient plus que des crayons de même couleur. Obligatoirement les $n+1$ crayons de la boîte seront de la même couleur, et la propriété est vraie au rang n. Où est l'erreur dans ce raisonnement ?*

Solution — La preuve de l'hérédité est juste dès que l'on a au moins trois crayons dans la boîte B de $n+1$ crayons, car pour déduire que tous les crayons de B ont la même couleur, encore faut-il que $P_1 \cap P_2$ ne soit pas vide, où P_1 désigne la partie formée par les n premiers crayons numérotés de 1 à n, et P_2 la partie formée par les n derniers crayons numérotés de 2 à $n+1$.

La propriété au rang $n = 2$ ne se déduit donc pas de la propriété au rang 1, et le raisonnement par récurrence est incomplet. ∎

Chapitre 4

Enseigner le raisonnement

4.1 Les programmes du secondaire

Collège

Voyons quelques extraits du programme du collège de 2008 toujours en vigueur dans les établissements en 2013-14 [35].

Dans l'introduction commune sur la culture scientifique, l'objectif affirmé est de faire acquérir des éléments de base de la pensée mathématique : des connaissances solides, des méthodes de résolution de problèmes et des « modes de preuve ». Les quatre années de collège permettront ainsi de s'initier progressivement au raisonnement déductif :

> « L'histoire de l'humanité est marquée par sa capacité à élaborer des outils qui lui permettent de mieux comprendre le monde, d'y agir plus efficacement et de s'interroger sur ses propres outils de pensée. A côté du langage, les mathématiques ont été, dès l'origine, l'un des vecteurs principaux de cet effort de conceptualisation. Au terme de la scolarité obligatoire, les élèves doivent avoir acquis les éléments de base d'une pensée mathématique. Celle-ci repose sur un ensemble de connaissances solides et sur des méthodes de résolution de problèmes et des modes de preuves (raisonnement déductif et démonstrations spécifiques). » ([35] p. 2)

L'accent est mis sur la **démarche d'investigation**, c'est-à-dire sur la méthode scientifique, envisagée comme une continuation des apprentissages faits à l'école primaire. Le programme admet que l'enseignant présente certaines notions, mais demande toujours de mettre l'accent sur une démarche qui privilégie la construction du savoir par les élèves.

C'est l'enseignant qui décidera de ce qu'il exposera et des notions qu'il préfèrera faire expérimenter. Ces choix pédagogiques doivent être réalistes et adaptés à la classe dont on a la responsabilité : l'enseignant doit essayer de trouver un bon équilibre entre ce qu'il exposera et ce qu'il fera expérimenter. On peut lire :

> « Dans la continuité de l'école primaire, les programmes du collège privilégient pour les disciplines scientifiques et la technologie une démarche d'investigation. Comme l'indiquent les modalités décrites ci-dessous, cette démarche n'est pas unique. Elle n'est pas non plus exclusive et tous les objets d'étude ne se prêtent pas également à sa mise en œuvre. Une présentation par l'enseignant est parfois nécessaire, mais elle ne doit pas, en général, constituer l'essentiel d'une séance dans le cadre d'une démarche qui privilégie la construction du savoir par l'élève. Il appartient au professeur de déterminer les sujets qui feront l'objet d'un exposé et ceux pour lesquels la mise en œuvre d'une démarche d'investigation est pertinente.
>
> La démarche d'investigation présente des analogies entre son application au domaine des sciences expérimentales et à celui des mathématiques. La spécificité de chacun de ces domaines, liée à leurs objets d'étude respectifs et à leurs méthodes de preuve, conduit cependant à quelques différences dans la réalisation. Une éducation scientifique complète se doit de faire prendre conscience aux élèves à la fois de la proximité de ces démarches (résolution de problèmes, formulation respectivement d'hypothèses explicatives et de conjectures) et des particularités de chacune d'entre elles, notamment en ce qui concerne la validation, par l'expérimentation d'un côté, par la démonstration de l'autre. » ([35] p. 4)

Apprendre le raisonnement scientifique c'est : « développer conjointement et progressivement les capacités d'expérimentation et de raisonnement, d'imagination et d'analyse critique » et contribuer ainsi à la formation du futur citoyen :

> « A travers la résolution de problèmes, la modélisation de quelques situations et l'apprentissage progressif de la démonstration, les élèves prennent conscience petit à petit de ce qu'est une véritable activité mathématique : identifier et formuler un problème, conjecturer un résultat en expérimentant sur des exemples, bâtir une argumentation, contrôler les résultats obtenus en évaluant leur pertinence en fonction du problème étudié, communiquer une recherche, mettre en forme une solution. » ([35] p. 9)

4.1. LES PROGRAMMES DU SECONDAIRE

La définition d'un socle commun fixe des objectifs assez modeste. Le socle est donc bien différent du programme comme on peut le lire ici :

> « Sur deux points importants, le socle commun se démarque de façon importante du programme :
>
> - dans le domaine du calcul littéral, les exigences du socle ne portent que sur les expressions du premier degré à une lettre et ne comportent pas les techniques de résolution algébrique ou graphique de l'équation du premier degré à une inconnue ;
>
> - dans le domaine géométrique, les élèves doivent apprendre à raisonner et à argumenter, mais l'écriture formalisée d'une démontration de géométrie n'est pas un exigible du socle. (...) »
>
> ([35] p. 10)

Le raisonnement et la démonstration doivent être présentés de façon très progressive :

> « La question de la preuve occupe une place centrale en mathématiques. La pratique de l'argumentation pour convaincre autrui de la validité d'une réponse, d'une solution ou d'une proposition ou pour comprendre un « phénomène » mathématique a commencé dès l'école primaire et se poursuit au collège pour faire accéder l'élève à cette forme particulière de preuve qu'est la démonstration. Si, pour cet objectif, le domaine géométrique occupe une place particulière, la préoccupation de prouver et de démontrer ne doit pas s'y cantonner. Le travail sur les nombres, sur le calcul numérique, puis sur le calcul littéral offre également des occasions de démontrer.
>
> À cet égard, deux étapes doivent être clairement distinguées : la première, et la plus importante, est la recherche et la production d'une preuve ; la seconde, consistant à mettre en forme la preuve, ne doit pas donner lieu à un formalisme prématuré. En effet des préoccupations et des exigences trop importantes de rédaction, risquent d'occulter le rôle essentiel du raisonnement dans la recherche et la production d'une preuve. C'est pourquoi il est important de ménager une grande progressivité dans l'apprentissage de la démonstration et de faire une large part au raisonnement, enjeu principal de la formation mathématique au collège. La rédaction et la mise en forme d'une preuve gagnent à être travaillées collectivement, avec l'aide du professeur, et à être présentées comme une façon convaincante de communiquer un raisonnement aussi bien à l'oral que par écrit.

Dans le cadre du socle commun, qui doit être maîtrisé par tous les élèves, c'est la première étape, « recherche et production d'une preuve » qui doit être privilégiée, notamment par une valorisation de l'argumentation orale. La mise en forme écrite ne fait pas partie des exigibles. » ([35] p. 11)

	Sixième	Cinquième	Quatrième	Troisième
Raisonnement déductif	Utilisation des propriétés des droites parallèles et perpendiculaires. Utilisation des propriétés des symétries axiales. Définition du cercle.	Propriétés caractéristiques du parallélogramme et des quadrilatères particuliers. Caractérisation angulaire du parallélisme. Somme des angles d'un triangle. Concours des trois médiatrices d'un triangle. Différence de deux nombres, opposé d'une somme, d'une différence. Somme et produit des nombres en écriture fractionnaire.	Triangle et droite des milieux. Triangle et parallèles. Droites remarquables du triangle. Triangle rectangle et cercle. Le théorème de Pythagore et sa réciproque. Distance d'un point à une droite. Tangente à un cercle. Effet de l'addition sur l'ordre. Double distributivité.	Composée de deux translations, composée de deux symétries centrales. Représentation graphique d'une fonction linéaire. Réciproque du théorème de Thalès. Propriétés des racines carrées. Propriétés des diviseurs d'un nombre entier. Relations trigonométriques. Identités remarquables.
Raisonnement par disjonction de cas	Comparaison des décimaux	Comparaison des nombres relatifs en écriture décimale. Distance de deux points sur un axe et soustraction des nombres relatifs. Somme et produit des relatifs.	Effet de la multiplication sur l'ordre.	Théorème de Thalès. Angle inscrit, angle au centre. L'équation $x^2 = a$. Intersection de la sphère et du plan
Mise en évidence d'un contre-exemple	Exercices sur la division euclidienne	Travail sur les propriétés caractéristiques des figures. Prouver que deux suites de nombres ne sont pas proportionnelles.	Travail sur des égalités fausses avec les puissances	Travail sur des égalités fausses avec les racines carrées. Les réciproques fausses des propriétés des diviseurs d'un nombre entier.
Approche du raisonnement par l'absurde		Construction de triangles impossible. Caractérisation angulaire du non parallélisme.	Théorème de Pythagore.	Théorème de Thalès. $\sqrt{2}$ est irrationnel. Si on divise le numérateur et le dénominateur d'une fraction par leur PGCD, on obtient une fraction irréductible égale.

Panorama des démonstrations rencontrées au collège [13]

La véritable initiation au raisonnement commence en quatrième, et constitue l'un des objectifs de l'étude de la géométrie. La classe de troisième permet de

4.1. LES PROGRAMMES DU SECONDAIRE

continuer ce travail sur les raisonnements avec pour objectifs de « développer les capacités heuristiques, les capacités de raisonnement et les capacités relatives à la formalisation d'une démonstration ».

Lycee

Au lycée, les activités mathématiques sont nombreuses, mais l'apprentissage du raisonnement déductif reste un objectif prioritaire réaffirmé ainsi dans le programme de la classe de seconde :

> « L'acquisition de techniques est indispensable, mais doit être au service de la pratique du raisonnement qui est la base de l'activité mathématique des élèves. Il faut, en effet, que chaque élève, quels que soient ses projets, puisse faire l'expérience personnelle de l'efficacité des concepts mathématiques et de la simplification que permet la maîtrise de l'abstraction. » [34]

Si la logique mathématique ne doit pas faire l'objet de cours spécifiques, des éléments de raisonnement seront introduits dès qu'une question le justifie :

> « Le développement de l'argumentation et l'entraînement à la logique font partie intégrante des exigences des classes de lycée. A l'issue de la seconde, l'élève devra avoir acquis une expérience lui permettant de commencer à distinguer les principes de la logique mathématique de ceux de la logique du langage courant et, par exemple, à distinguer implication mathématique et causalité. Les concepts et méthodes relevant de la logique mathématique ne doivent pas faire l'objet de cours spécifiques mais doivent prendre naturellement leur place dans tous les chapitres du programme. De même, le vocabulaire et les notations mathématiques ne doivent pas être fixés d'emblée ni faire l'objet de séquences spécifiques mais doivent être introduits au cours du traitement d'une question en fonction de leur utilité. Comme les éléments de logique mathématique, les notations et le vocabulaire mathématiques sont à considérer comme des conquêtes de l'enseignement et non comme des points de départ. Pour autant, ils font pleinement partie du programme : les objectifs figurent, avec ceux de la logique, à la fin du programme. » [34]

Le programme de seconde fixe les notations et les types de raisonnements mathématiques à utiliser au lycée comme on le voit sur la figure suivante extraite de [34]. Le raisonnement par récurrence est étudié en terminale S.

> **Notations et raisonnement mathématiques (objectifs pour le lycée)**
>
> Cette rubrique, consacrée à l'apprentissage des notations mathématiques et à la logique, ne doit pas faire l'objet de séances de cours spécifiques mais doit être répartie sur toute l'année scolaire.
>
>> **Notations mathématiques**
>>
>> Les élèves doivent connaître les notions d'élément d'un ensemble, de sous-ensemble, d'appartenance et d'inclusion, de réunion, d'intersection et de complémentaire et savoir utiliser les symboles de base correspondant : $\in$, $\subset$, $\cup$, $\cap$ ainsi que la notation des ensembles de nombres et des intervalles.
>>
>> Pour le complémentaire d'un ensemble A, on utilise la notation des probabilités $\overline{A}$.
>
>> **Pour ce qui concerne le raisonnement logique**, les élèves sont entraînés, sur des exemples :
>> - à utiliser correctement les connecteurs logiques « et », « ou » et à distinguer leur sens des sens courants de « et », « ou » dans le langage usuel ;
>> - à utiliser à bon escient les quantificateurs universel, existentiel (les symboles $\forall$, $\exists$ ne sont pas exigibles) et à repérer les quantifications implicites dans certaines propositions et, particulièrement, dans les propositions conditionnelles ;
>> - à distinguer, dans le cas d'une proposition conditionnelle, la proposition directe, sa réciproque, sa contraposée et sa négation ;
>> - à utiliser à bon escient les expressions « condition nécessaire », « condition suffisante » ;
>> - à formuler la négation d'une proposition ;
>> - à utiliser un contre-exemple pour infirmer une proposition universelle ;
>> - à reconnaître et à utiliser des types de raisonnement spécifiques : raisonnement par disjonction des cas, recours à la contraposée, raisonnement par l'absurde.

Extrait du programme de seconde 2009 en vigueur en 2014-15

Le cycle terminal poursuit l'étude des raisonnements débutés en classe de seconde. Ainsi peut-on lire :

> « Comme en classe de seconde, les capacités d'argumentation, de rédaction d'une démonstration et de logique font partie intégrante des exigences du cycle terminal.
>
> Les concepts et méthodes relevant de la logique mathématique ne font pas l'objet de cours spécifiques mais prennent naturellement leur place dans tous les champs du programme. Il importe toutefois de prévoir des moments d'institutionnalisation de certains concepts ou types de raisonnement, après que ceux-ci ont été rencontrés plusieurs fois en situation.
>
> De même, le vocabulaire et les notations mathématiques ne sont pas fixés d'emblée, mais sont introduits au cours du traitement d'une question en fonction de leur utilité.
>
> Il convient de prévoir des temps de synthèse, l'objectif étant que ces éléments soient maîtrisés en fin de cycle terminal. » [33]

4.2 Enseigner à raisonner

Dans un article en deux parties ([16], [17]), Michèle Gandit examine quelques scènes de la vie de classes de collège, analyse des copies d'élèves et interroge des professeurs au sujet de la démonstration.

Elle met en évidence quelques règles du contrat didactique habituel en vigueur au collège.

Ces règles montrent comment il est possible de cerner les lois du raisonnement déductif au collège, dans des situations d'enseignement. Voici ces règles telles qu'elles sont présentées dans [17] :

> CONTRAT DIDACTIQUE CONCERNANT
> LA DEMONSTRATION AU COLLEGE
>
> **Règle du on-sait-que-or-donc** — Pour faire une démonstration en géométrie, on articule différents pas ternaires, hypothèse-règle-conclusion, l'hypothèse étant introduite par « on sait que », la conclusion par « donc », la règle justifiant le passage de la première à la seconde étant éventuellement introduite par « or ».
>
> **Règle de la transcription de l'énoncé** — Pour faire une démonstration en géométrie, on fait une figure que l'on accompagne des hypothèses (souvent appelées données) et l'on écrit ce que l'on veut démontrer ; ceci est indépendant du projet de preuve.
>
> **Règle des petits pas** — Dans une démonstration, il faut expliciter tous les pas, même les plus petits, ceux qui relèvent d'une définition.
>
> **Règle du fichier** — Dans une démonstration, on ne doit utiliser que les connaissances vues en cours ou celle d'une liste donnée.

Même si l'analyse faite par l'auteur de l'article revient à mettre en cause ces règles qui peuvent devenir un obstacle à l'apprentissage de la démonstration si elles sont appliquées de façon trop rigides, j'ai le sentiment que ces quatre règles permettent de bien expliquer ce que l'on attend d'un élève quand on lui demande de démontrer une affirmation.

L'exemple d'une règle appliquée de façon trop rigide est par exemple celui de la règle des petits pas qui demande que tout soit explicité par écrit au moment de la rédaction de la preuve. Passer sous silence un argument peut ne pas prêter à conséquence si cet argument est bien amené et s'intègre de façon naturelle dans la preuve. On peut même s'autoriser à sous-entendre que les hypothèses d'un théorème employé par l'élève sont vérifiées à partir du moment où la rédaction ne laisse pas de doute sur ce qui a été exploité.

Par exemple, si j'écris : comme les droites (AC) et (BD) sont parallèles, je peux utiliser le Théorème de Thalès et en déduire que :

$$\frac{\overline{OA}}{\overline{OB}} = \frac{\overline{OC}}{\overline{OD}},$$

je sous-entends que les points sont distincts entre eux deux à deux, et que sur la figure sur laquelle je travaille, les points O, A, B d'une part, et O, C, D d'autre part, sont alignés. Je sous-entends donc d'autres hypothèses du Théorème de Thalès que je n'ai pas écrites. Ce type de rédaction peut être validé sans difficulté.

Evidemment certaines explications essentielles doivent être présentes dans la rédaction pour que le lecteur comprenne le fil de la pensée sans rajouter lui-même les oublis et les manques, et la difficulté dans l'art de rédiger réside certainement dans l'obligation d'effectuer un tri entre ce que l'on dira et ce que l'on pourra omettre de dire.

Michèle Gandit a certainement raison quand elle énonce qu'il est illusoire de penser qu'il faille obligatoirement que tous les arguments soient clairement explicités dans une démonstration. Il faut savoir rester raisonnable, tout en demeurant vigilant. Comme l'indique avec justesse un document d'accompagnement du programme de seconde :

> « Savoir rédiger est un objectif important en mathématiques ; il convient de faire comprendre à l'élève ce que rédiger veut dire et peut apporter. Il faut que l'élève fasse l'expérience personnelle d'une rédaction qui lui permette d'affiner ses idées, de prendre du recul et d'intégrer à son univers intérieur certains aspects du travail accompli. La rédaction est l'occasion pour l'élève de réorganiser en démonstration son raisonnement original, de choisir les notations qui facilitent la pensée et de dégager les arguments essentiels de ceux qui peuvent être considérés comme évidents à son niveau. Pour éviter le recours systématique à des rédactions obéissant à un protocole rigide, on variera le type de rédaction (rédiger les grandes idées d'une démonstration, une partie d'une démonstration, rédiger en les justifiant des pistes possibles pour résoudre une question, rédiger une partie d'un cours ou une démonstration expliquée par un voisin). Ce travail de rédaction, amorcé au collège, est à poursuivre tout au long des années de lycée. » [12]

Mais voilà que nous sommes en train de parler de démonstration ! Dans la section suivante, nous allons voir qu'il faut pas confondre raisonnement et démonstration.

4.3 Raisonnement et démonstration

Le raisonnement est un processus dans lequel on s'engage pour vérifier l'exactitude d'une affirmation dans le but de se forger une opinion ou de répondre à une question.

> « Un raisonnement, c'est d'abord une certaine activité de l'esprit, une opération discursive par laquelle on passe de certaines propositions posées comme prémisses à une proposition nouvelle, en vertu du lien logique qui l'attache aux premières : en ce sens, c'est un processus qui se déroule dans la conscience d'un sujet selon l'ordre du temps. » (Encyclopaedia Universalis 2009)

La démonstration est l'aboutissement du raisonnement. C'est la dernière étape du raisonnement, correspondant au moment où on le réorganise et où on le codifie. C'est en rédigeant rigoureusement une démonstration que l'on peut apprécier tous les pas de la démarche déductive mise en oeuvre : s'apercevoir des oublis ou des erreurs, vérifier l'utilisation des hypothèses, mesurer la pertinence et la justesse des formes de raisonnement utilisés. Ce n'est qu'après l'écriture d'une démonstration et sa relecture attentive et critique que l'on peut valider la conclusion obtenue.

Le raisonnement commence avec la recherche d'une solution, en utilisant des modes de pensée souvent informelles et en se laissant libre de tous ses gestes et ses appréciations. Des investigations de toutes natures sont menées, et permettent la découverte d'un lien entre les hypothèses et la conclusion pressentie. On peut donc dire qu'un raisonnement est formé de trois étapes :

1. La recherche.
2. La découverte.
3. La rédaction d'une preuve (démonstration).

La démonstration est l'aboutissement d'un raisonnement qui constitue, quant à lui, un processus cognitif permettant de mieux s'approprier le réel. L'activité mathématique peut se résumer en :
- conjecturer,
- rechercher,
- démontrer.

En mathématiques, on emploie souvent le terme « démonstration » à la place du terme « raisonnement », donc en mettant l'accent sur l'aboutissement d'un raisonnement, d'un processus parfois long et fastidieux qui a permis de mettre en évidence une preuve. Cet abus de langage ne porte pas à conséquence puisque l'objectif de tout raisonnement est la production d'une preuve, mais doit être connu du pédagogue qui s'intéresse à montrer comment raisonner autant que comment rédiger une démonstration qui reprend les étapes du raisonnement.

Raisonnement et démonstration sont extrêmement liés. Dans son article *Du raisonnement à la démonstration [6]*, Rudolf Bkouche énonce quelques principes qui régissent la démonstration :

1. La démonstration participe de l'activité mathématique.

2. La démonstration a un double aspect : d'une part « dire le vrai », en cela la démonstration apparaît comme un mode de légitimation de la connaissance, d'autre part « dire les raisons du vrai », ce qui conduit à considérer la connaissance démontrée comme nécessaire au sens que non seulement elle est vraie mais qu'elle ne peut pas ne pas être vraie.

3. C'est à travers la méthode démonstrative que se construisent ce que l'on appelle depuis les Grecs les idéalités mathématiques ; autrement dit les objets mathématiques, en tant qu'ils sont des objets idéaux, se construisent via l'activité de démonstration.

4. La démonstration est un discours. (...).

Rechercher une réponse, élaborer une stratégie, tenter de raisonner en partant de certaines hypothèses, c'est bien ce que l'on pratique dans le secondaire quand on apprend les mathématiques. A terme, on finit par apprendre que :

- Un énoncé mathématiques est soit vrai, soit faux, mais ne peut pas être les deux à la fois.

- Trouver quelques exemples qui vérifient un énoncé ne signifie pas qu'on a démontré que cet énoncé est vrai en toute généralité.

- On raisonne à l'oral comme à l'écrit en s'appuyant sur des énoncés que l'on sait être vrais, en appliquant des règles codifiées.

- Un contre-exemple suffit à infirmer un énoncé.

- Des observations graphiques sur une feuille ou un écran ne suffisent pas à démontrer qu'une propriété géométrique est vraie. Beaucoup d'observations graphiques incitent seulement à faire une conjecture, donc à imaginer un énoncé qui pourrait être vrai.

4.4. ABSTRAIT VS CONCRET

- Mesurer deux segments sur un dessin ne pourra jamais démontrer que ces deux segments ont même longueur, à cause de la figure qui représente approximativement le réel qui est l'objet de cette mesure, et des instruments de mesure qui ne permettent d'atteindre que des valeurs approchées des longueurs des segments. De plus, un dessin n'est et ne sera qu'une approximation de la réalité.

4.4 Abstrait vs concret

Je ne résiste pas à l'envie de partager les lignes suivantes extraites d'un texte de Rudolph Bkouche dont la sagacité et la justesse n'est plus à démontrer.

Ce texte, nommé *Abstrait vs concret, une opposition ambiguë* [7], décrit les liens profonds qui existent entre un apprentissage concret et une nécessaire mis en perspective plus abstraite destinée à mieux comprendre le concret, donc à mieux le prévoir. La capacité d'abstraction est un moyen qui permet de se concentrer sur un objet particulier, sans se laisser distraire par tout ce qui l'entoure. Quand on dessine un rectangle, on ne retient que quelques propriétés basiques de la forme que l'on imagine, mais on oublie le reste. On travaille ensuite sur ce rectangle épuré.

Bkouche s'intéresse aux nombres, aux sciences de la nature en évoquant les notions de chaleur et d'accélération, pour terminer par parler de la géométrie en ces termes :

> « Enfin nous aborderons la géométrie élémentaire rappelant que celle-ci est une science physique comme l'explique Clifford [8]. Si on considère que la géométrie est l'étude des corps solides du point de vue de la forme et de la grandeur, la première question qui se pose est celle de reconnaître si deux corps solides ont même forme et même grandeur, ce qui se montre empiriquement en superposant les corps. On dit alors que les corps sont égaux. C'est cela qui fonde le principe de l'égalité par superposition tel qu'Euclide l'énonce dans ses Eléments et que l'on peut énoncer sous la forme suivante :
>
> Deux corps que l'on peut superposer sont égaux.
>
> Mais si la vérification de la superposition de deux plaques planes est facile, il est plus difficile de superposer deux cubes en bois dont les côtés sont égaux ou deux sphères en bois de même diamètre. Cela conduit à rechercher des critères de superposition qui permettent de dire, sans avoir besoin de le vérifier empiriquement que deux corps sont égaux. C'est le rôle des classiques cas d'égalité des

> triangles qui apparaissent ainsi comme fondateurs de la géométrie rationnelle [5]. On peut alors, par le seul raisonnement déductif, montrer les diverses propriétés des corps solides.
>
> Ici l'abstraction ne se réduit pas à la seule définition de D'Alembert. Si la question du même (même forme et même grandeur) renvoie à la définition de D'Alembert, la recherche de critères rationnels, c'est-à-dire reposant sur le seul discours, contribue à la mise en place du processus d'abstraction. Contrairement à l'idée platonicienne qui affirme qu'en géométrie on travaille sur des objets idéaux, c'est parce qu'on raisonne sur des objets issus de la connaissance empirique que ceux-ci prennent le statut d'objets idéaux. L'abstraction se construit ici via le raisonnement. On peut alors « oublier » l'origine empirique de la géométrie élémentaire pour la présenter comme une science purement rationnelle. C'est ce caractère de pure rationalité qui a fait de la géométrie élémentaire le modèle emblématique de toute science susceptible d'un développement hypothético-déductif, en particulier la physique. (...)
>
> Revenant à l'enseignement, on voit alors le rôle que joue le raisonnement dans l'enseignement des mathématiques. Evidemment il ne s'agit pas de donner d'emblée des démonstrations à la mode euclidienne ou hilbertienne mais de montrer, dès que c'est possible, y compris à l'école élémentaire, des modes de raisonnements qui conduisent à la découverte de nouvelles propriétés [6].
>
> La question de l'abstraction dans l'enseignement est donc multiple et se définit en fonction des contenus enseignés. » [7]

Selon moi, cette façon de présenter les choses est excellente, et je mettrai en exergue l'affirmation suivante qui nous fait réfléchir sur les rapports intimes entre les raisonnements, l'objet de ce livre, et l'abstraction :

L'abstraction se construit via le raisonnement.

L'auteur conclut ainsi son article :

> « Jusque dans les années cinquante on considérait, dans l'enseignement secondaire, que les classes terminales scientifiques (mathématiques élémentaires, sciences expérimentales, mathématiques et technique) étaient réservées aux esprits tournés vers le concret alors que les amateurs d'abstraction s'orientaient vers la classe de philosophie. Ainsi les disciplines scientifiques étaient considérées comme concrètes par opposition aux disciplines littéraires ouvertes vers la spéculation intellectuelle ? Il a fallu la réforme dite des mathématiques modernes pour considérer, dans l'enseignement, que

les mathématiques sont une discipline abstraite, comme si les mathématiques étaient devenues abstraites avec la révolution formaliste. Tout cela pour rappeler combien la distinction « abstrait - concret » peut devenir un piège langagier. »

4.5 Faut-il du temps pour apprendre ?

En 2014, il semble que la mode soit à l'utilisation effrénée d'activités en tous genres devant permettre aux élèves de s'approprier presque tous seuls des corpus de connaissances vieux de plusieurs millénaires, en utilisant une approche essentiellement concrète et en s'empêchant souvent de formaliser des résultats mathématiques qui deviennent d'autant plus difficiles à comprendre, à utiliser et à mémoriser.

Ce ne sont pas les inventions pédagogiques récentes, comme « l'accompagnement personnalisé », qui n'a de personnalisé que le nom, qui permettront de compenser la chute soudaine du nombre d'heures de mathématiques rendant impossible tout enseignement scientifique digne de ce nom.

Cette chute horaire est d'ailleurs consignée dans un rapport de 2006 présenté à l'Assemblée nationale [36], d'où je tire le tableau suivant :

Évolution des horaires en mathématiques, physique-chimie et SVT depuis 1982

	Mathématiques	Physique-chimie	SVT
Première S (1982-1993)	6 heures	5 heures	2,5 heures
Première S (1993-2001)	6 heures	4 heures	3 heures
Première S (depuis 2002)	5 heures	4,5 heures	4 heures
Terminale C (1983-1994)	9 heures	5 heures	2 heures
Terminale D (1983-1994)	6 heures	4,5 heures	5 heures
Terminale S (1994-2002)	6 heures	5 heures	3 heures
Terminale S (depuis 2003)	5,5 heures	5 heures	3,5 heures

Les horaires du tableau ci-dessus n'incluent pas les enseignements de spécialité pour lesquels il faut ajouter deux heures pour la matière choisie. Mais citons le passage suivant même s'il commence à dater et qu'en 2013 la situation est devenue beaucoup plus préoccupante :

> « On constate (...) depuis la fusion des séries, une baisse importante et continue du choix de la spécialité « mathématiques », chez les garçons comme chez les filles (de l'ordre de 30 %), une augmentation presque parallèle du choix de la spécialité physique-chimie, essentiellement due aux filles et une quasi-stabilité du choix de la spécialité SVT.
>
> C'est ainsi qu'en 2004, 29 % des bacheliers scientifiques ont eu 7,5 heures de mathématiques hebdomadaires, les 71 % restants n'ayant eu que 5,5 heures. Donc non seulement le nombre de ces bacheliers a baissé, mais leur formation a considérablement évolué.
>
> Le problème est que **pendant un nombre réduit d'heures il faut absorber un programme qui lui n'a pas diminué, ce qui se fait nécessairement au détriment des élèves les plus lents et au détriment de la qualité de l'enseignement.** » [36]

Rassurons-nous, les réformes successives, en particulier la réforme Chatel 2010, ont supprimé des pans entiers du programme de mathématiques et demandé de se limiter à une approche intuitive qui dénature complètement l'apprentissage de certaines notions en les rendant incomestibles.

Avec la réforme Chatel, le nombre d'heures de mathématiques en première S est passé à 4h hebdomadaires, et les terminales S (hors spécialité) sont à 6h par semaine. On trouvera page 132 et suivantes quelques tableaux extraits de [29] qui résument objectivement la situation de la filière scientifique du lycée en 2013-14.

Le malheur veut que l'on ait en même temps augmenté la demande d'utilisation d'expérimentations sur machines si coûteuse en temps, en ajoutant aussi, dans des horaires réduits comme peau de chagrin, la demande d'initiation à l'algorithmique sur des logiciels et des calculatrices, un travail spécifique qui fait encore perdre un temps incroyable à l'élève, un temps pour le moins précieux qui pourrait être utilisé pour comprendre des notions réputées difficiles sur lequel il est amené à travailler et à s'entraîner.

On peut donc redire ce que j'entends souvent dans les couloirs des établissements : qu'aucun élève de S ne dispose maintenant d'un temps suffisant pour travailler les notions mathématiques au programme avec bonheur durant son passage au lycée.

Ce n'est pourtant pas en sabotant une matière comme les mathématiques que l'on va susciter des vocations scientifiques, bien au contraire. Qui a envie de

4.5. FAUT-IL DU TEMPS POUR APPRENDRE ?

continuer en fac de sciences pour ne rien comprendre au pourquoi ni au comment ? Pourquoi un étudiant devrait-il alors s'escrimer à apprendre et utiliser une définition rigoureuse de la limite d'une fonction, alors qu'il a été formé à l'utilisation de définitions floues et intuitives qui ont fini par le satisfaire tout en le laissant songeur ? Le choc sera redoutable. Mieux vaut alors s'inscrire ailleurs !

Un tel constat est particulièrement affligeant pour un pédagogue, sauf s'il désire continuer à enseigner les mathématiques en terminale S comme on le fait en CE2. Il s'en trouve, et l'obligation de s'adapter aux programmes officiels fait que les enseignants de mathématiques seront de plus en plus nombreux à baisser les bras et se reposer sur l'observation en négligeant les démonstrations.

On a déjà commencé à recruter les enseignants davantage sur leur capacité à utiliser un vidéoprojecteur que sur celle de pouvoir raisonner à partir de connaissances disciplinaires solides. La révolution didactique est en marche...

Beaucoup de collègues se sont déjà adaptés à ce qu'on les oblige à faire : utiliser les TICE à outrance, proposer des séquences « *Découvertes & nouvelles technologies* » savamment préparées à l'avance où l'élève n'a plus qu'à regarder un film, se laisser guider pour taper un algorithme qu'il n'a pas créé lui-même, ou répondre à un texte à trous, éliminant de ce fait tout espoir de progrès en rédaction. Déjà l'étude de la loi normale en terminale S se résume souvent à l'utilisation d'une calculatrice, et la dérivation des fonctions est supposée acquise quand l'élève comprend sur quelle touche il doit appuyer pour voir s'afficher une fonction dérivée qui n'a plus beaucoup de sens pour lui :

> Ce n'est pas l'élève qui a été placé au centre du système, c'est la calculatrice.

Quant à la pseudo-filière S :

> « L'aboutissement de ces modifications est que **la filière S est bien devenue la filière d'excellence, véritable choix stratégique pour les meilleurs élèves et les mieux informés, mais pas la meilleure préparation possible à des études scientifiques ultérieures.**
>
> En 1995, 79 % des bacheliers scientifiques optaient pour des études scientifiques ou technologiques. En 2000, ils n'étaient plus que 68 %. Lors de la dernière rentrée 2000 places de classes préparatoires scientifiques n'ont pas été pourvues.
>
> (...) il est frappant de constater qu'**il est aujourd'hui possible, par le jeu des coefficients, d'obtenir le bac S avec une**

mauvaise note en mathématiques et des notes simplement moyennes dans les autres matières scientifiques. La filière S est celle qui compte le plus grand nombre de matières enseignées en terminale. Il faut rétablir un rééquilibrage entre les matières scientifiques et non scientifiques.

La mission s'est procuré les notes moyennes en mathématiques au Bac S. Dans toutes les académies et pour les trois dernières sessions, la moyenne est toujours inférieure à 10 et les écarts types entre les notes sont de l'ordre de 5 points. Il n'est donc pas surprenant qu'à l'exception des meilleurs élèves qui intègrent les classes préparatoires scientifiques (16,5 % des bacheliers scientifiques), les étudiants en DEUG scientifique ou en IUT éprouvent des difficultés en mathématiques. **Les enseignants font observer, de surcroît, que si l'élève ne peut acquérir une certaine masse critique de connaissances et des bases solides, il y a moins de chance qu'il acquiert le goût des mathématiques.**

La mission considère qu'il faut recentrer la filière S sur les enseignements scientifiques et moderniser ces enseignements afin d'y attirer essentiellement les élèves ayant le projet de faire des études scientifiques et les y préparer au mieux. **En allégeant les programmes dans les matières non scientifiques, du temps serait libéré pour développer des activités transversales pluridisciplinaires mais aussi pour augmenter les travaux pratiques et les séances d'expérimentation qui initient à la recherche scientifique.** (...)

Comme l'a indiqué M. Bruno Descroix, membre de l'association des professeurs de mathématiques de l'enseignement public, lors de la table ronde des enseignants, l'appétit pour les sciences existe. Il a cité l'exemple d'un projet d'école ouverte pendant les vacances pour faire des maths, qui a recueilli 130 inscriptions et a dû refuser des élèves. **Ce qui empêche cet appétit de se développer, c'est le fait que les élèves croulent sous le travail dans les classes de premières et terminales scientifiques.** (...)

On peut raisonnablement considérer que la réorientation de la filière scientifique, qui ne serait plus la filière royale la plus recherchée mais la filière qui exige un véritable goût pour les sciences, contribuera à revaloriser les autres filières et notamment le baccalauréat littéraire. » [36]

4.5. FAUT-IL DU TEMPS POUR APPRENDRE ?

Depuis la filière littéraire ne s'est malheureusement pas revalorisée car la filière S est devenue encore plus généraliste en accueillant une majorité d'élèves non intéressés par les sciences.

On va en S parce que c'est la « meilleure filière », pour ne pas être parqué ailleurs, et aussi parce qu'elle offre le plus de choix d'orientation après le BAC.

La destruction de la filière scientifique du lycée accompagne la dévalorisation des autres filières et de l'enseignement professionnel, ce qui est très préoccupant. Mais cette destruction s'accommode bien de cet objectif affiché de pratiquer le concret au détriment de l'abstrait et donc du raisonnement. Maintenant, on ne raisonne plus : on expérimente sur un ordinateur. Les définitions proposées, comme celles de la limite ou de la continuité, deviennent impropre à toute capacité de raisonnement ultérieur : on ne raisonne bien que lorsqu'on a parfaitement défini les objets avec lesquels on travaille. Procéder autrement est de l'esbroufe, de la paille aux yeux, et c'est ce qu'on demande de jeter en pâture à la sagacité de nos élèves scientifiques de terminale S. Comment est-ce possible ?

Comment peut-on oser demander de définir la continuité de cette façon en terminale scientifique :

> « On dit qu'une fonction est continue sur un intervalle lorsque le tracé de sa courbe représentative sur cet intervalle se fait « sans lever le crayon ». » [11]

Un professeur certifié de mathématiques qui enseigne dans un lycée du département de l'Eure m'a fait la remarque suivante, bien judicieuse selon moi mais qui semble ne pas inquiéter nos décideurs de programmes pourtant destinés à de jeunes scientifiques :

> « Selon moi, cette définition [de la continuité] prête à confusion et n'a pas sa place dans un enseignement qui se prétend scientifique. La présence d'un point anguleux sur la courbe représentative d'une fonction continue implique souvent qu'on lève le crayon pour tracer cette courbe. Si je demande à mes élèves de tracer la courbe représentative de la fonction valeur absolue, formée de deux demi-droites perpendiculaires, ils vont presque tous lever leur crayon à l'origine du repère pour changer l'orientation de leur règle de 90°. Pourtant, la fonction valeur absolue est continue sur $\mathbb{R}$. » [9]

Comment peut-on imposer aux professeurs de première S de suivre les instructions officielles suivantes qui interdisent de proposer une définition correcte d'une limite, et se contente d'en parler au moment de dériver des fonctions ! Ubu n'aurait pas fait mieux. Voici :

> « On introduit un nouvel outil : la dérivation. L'acquisition du concept de dérivée est un point fondamental du programme de première. Les fonctions étudiées sont toutes régulières et on se contente d'une approche intuitive de la notion de limite finie en un point. Le calcul de dérivées dans des cas simples est un attendu du programme ; dans le cas de situations plus complexes, on sollicite les logiciels de calcul formel. » [32]

On ne définit donc plus clairement ce que l'on entend quand on dit qu'une fonction admet une limite en un point. On utilise un logiciel de calcul formel pour calculer des dérivées élémentaires. On reste dans le discours vague et intuitif : on dira qu'on se rapproche, qu'on va vers un nombre, qu'on est d'autant plus près d'un nombre qu'un autre nombre se rapproche d'une certaine valeur... De belles définitions littéraires parviendront-elles à enchanter nos jeunes esprits scientifiques, ou finiront-elles seulement par les agacer et les perdre ?

Utiliser des machines pour dériver des fonctions simples seulement pour éviter d'avoir à enseigner des théorèmes généraux à la portée d'un jeune homme de 17 ans, est-ce faire des mathématiques ? N'est-ce pas assujettir la connaissance à quelques pianotements sur une machine ? Apprend-t-on à mieux raisonner en procédant de la sorte ?

Sans une définition correcte de la notion de limite d'une fonction, tous les apprentissages qui suivent en analyse mathématique tombent comme des dominos : on ne peut plus rien démontrer de sérieux dès qu'intervient une limite. **On doit se contenter d'un à-peu-près**.

Présenter les notions mathématiques ainsi est indigne de l'attention que l'on devrait porter à nos futurs esprits scientifiques, à croire que la nation n'en a plus cure.

Mon collègue de terminale S de l'Eure analyse ainsi les conséquences du flou qui entoure la définition de la continuité « à la mode » au lycée :

> « (...) la limitation à une approche intuitive de la continuité n'a pas sa place dans un enseignement scientifique. En particulier, cette limitation proscrit la possibilité de réaliser la démonstration (hors-programme) du théorème des valeurs intermédiaires et la démonstration (au programme) du théorème 1 sur l'intégration [NDA : dérivabilité de la fonction définie avec le signe somme permettant d'obtenir les primitives des fonctions continues sur un intervalle]. » [9]

On estime sans doute que l'élève scientifique 2013-14 est profondément stupide ou incompétent pour lui cacher ainsi les définitions correctes de la limite en un point, de la continuité et de la dérivée des fonctions. A moins que l'on concède

4.5. FAUT-IL DU TEMPS POUR APPRENDRE ?

qu'il ne peut plus mener d'études scientifiques sérieuses, étant trop sollicité dans d'autres matières et devant supporter des semaines trop chargées.

Que devient l'objectif d'apprendre à raisonner si l'élève de la section scientifique du lycée n'a plus le temps ni les moyens de construire son savoir dans une démarche rigoureuse ? Ne lui apprend-t-on pas à se satisfaire d'un dessin et de définitions plus ou moins cocasses ?

En procédant ainsi, on ne prépare pas à l'esprit scientifique.

Réponse à la question posée à l'Exercice 15 p. 45

On a oublié de vérifier la réciproque. On a seulement démontré que si (x, y) était solution de (E) alors il existait un entier relatif u tel que $x = -20 + 79u$ et $y = 59 - 233u$. Inversement, on ne sait pas si tous les couples de ce type sont bien des solutions de (E). En fait, c'est évident car il suffit de recopier ces expressions dans (E) pour le constater.

Pour que le raisonnement soit complet, et inattaquable, il suffit de rajouter une phrase comme celle-ci : « La réciproque étant triviale, on peut affirmer que l'ensemble des solutions de (E) est formé des couples (x, y) tels que ... ».

Infographie : part des sciences au lycée

Les illustrations suivantes sont extraites de mon livre *L'enseignement dans le chaos des réformes et des attentes* [29]. Elles permettent de comprendre rapidement en quoi consiste l'enseignement dans la filière scientifique du lycée durant l'année 2013-14 et jusqu'aux prochains bouleversements.

Part des horaires scientifiques au lycée dans la filière S

Heures	Sciences	Autres
Seconde	11	22,8
Première S	11	22,3
Terminale S	18,5	21,3
Total	40,5	66,4

%	Sciences	Autres
Seconde	32,5	67,5
Première S	33,0	67,0
Terminale S	46,5	53,5
Total	37,9	62,1

3 années scientifiques du lycée

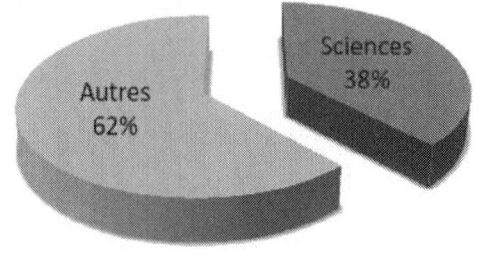

Autres 62%

Sciences 38%

4.5. FAUT-IL DU TEMPS POUR APPRENDRE ?

Horaires première S rentrée 2013 (+ morale laïque rentrée 2015)

Matières	Horaire élève	Élève scientifique Sciences	Autres
Enseignements obligatoires			
Français	4		4
Histoire-géographie	2,5		2,5
LV1 et LV2	4,5		4,5
EPS	2		2
Education civique, juridique et sociale	0,5		0,5
Accompagnement personnalisé	2	1	1
Travaux personnels encadrés	1		1
Heures de vie de classe (10h annuelles°)	0,3		0,3
Mathématiques	4	4	
Physique-chimie	3	3	
SVT	3	3	
Morale laïque (18h annuelles)	0,5		0,5
Enseignements facultatifs (2 au plus parmi)			
LCA (latin ou grec)	3		
Langue vivante 3 (étrangère ou régionale)	3		3
EPS	3		
Arts	3		3
Hippologie et équitation	3		
Pratiques sociales et culturelles	3		
Pratiques professionnelles	3		
Enseignement facultatif			
Atelier artistique (72h annuelles)	2		
Total pour un élève option maths avec 2 ens. facultatifs :		11	22,3
En pourcentage du volume horaire global :		33	67

* ou biologie, agronomie, territoire et dév. durable 6h ; ou sciences de l'ingénieur 7h
° Une année scolaire compte 36 semaines

Références :
BO Spécial n°1 du 4 février 2010
Vincent Peillon réintroduit l'histoire-géo en TS, Le Monde du 29/11/12   Réf.
Peillon prévoit 18 heures de morale laïque par an au lycée (Nouvel Obs 22/4/2013)

Horaires terminale S rentrée 2013 (+ morale laïque rentrée 2015)

Matières	Horaire élève	Élève scientifique	
		Sciences	Autres
Enseignements obligatoires			
Histoire-géographie	2		2
Mathématiques	6	6	
Physique-chimie	5	5	
SVT*	3,5	3,5	
Philosophie	3		3
Langue vivante 1	2		3
Langue vivante 2	2		3
EPS	2		3
Education civique, juridique et sociale	0,5		0,5
Accompagnement personnalisé	2	2	
Heures de vie de classe (10h annuelles°)	0,3		0,3
Morale laïque (18h/an) dès rentrée 2015	0,5		0,5
Enseignement de spécialité (1 au choix)			
Mathématiques	2	2	
Physique-chimie	2		
SVT	2		
Informatique et Sciences du numérique	2		
Territoire et citoyenneté	2		
Enseignements facultatifs (2 au plus parmi)			
LCA (latin ou grec)	3		
Langue vivante 3 (étrangère ou régionale)	3		3
EPS	3		
Arts	3		3
Hippologie et équitation	3		
Pratiques sociales et culturelles	3		
Pratiques professionnelles	3		
Enseignement facultatif			
Atelier artistique (72h annuelles)	2		

Total pour un élève option maths avec 2 ens. facultatifs :		18,5	21,3
En pourcentage du volume horaire global :		46	54

* ou biologie, agronomie et dév. durable 5h30 ; ou sciences de l'ingénieur 8h
° Une année scolaire compte 36 semaines
Références :
BO Spécial n°1 du 4 février 2010
Vincent Peillon réintroduit l'histoire-géo en TS, Le Monde du 29/11/12 Réf.
Peillon prévoit 18 heures de morale laïque par an au lycée (Nouvel Obs 22/4/2013)

Bibliographie

[1] A. Antibi, Thèse de doctorat d'état en sciences, mention didactique des mathématiques, présentée à l'université Paul Sabatier de Toulouse le 27 juin 1988, Etude sur l'enseignement de méthodes de démonstration - Enseignement de la notion de limite : réflexions, propositions, IREM de Toulouse, 1988.

[2] Aristote, Logique d'Aristote, traduit en français par J. Barthélemy Saint-Hilaire, tome II, Premiers analytiques, Paris, 1839.
http ://remacle.org/bloodwolf/philosophes/Aristote/tableanal1.htm

[3] G. Arsac, G. Chapiron et al., Initiation au raisonnement déductif au collège : une suite de situations permettant l'appropriation des règles du débat mathématique, Presse Universitaire de Lyon, 1998.

[4] Clément Boulonne, les leçons de mathématiques à l'oral du CAPES, Licence Creatice Commons, 2013.
http ://cboumaths.wordpress.com/2013/06/08/les-lecons-de-mathematiques-a-loral-du-capes-session-2013/

[5] R. Bkouche, Quelques remarques autour des cas d'égalité des triangles APMEP **430**, pp. 613-629, 2000.

[6] R. Bkouche, Du raisonnement à la démonstration, Repères-IREM **47**, pp. 41-64, avril 2002.

[7] R. Bkouche, Abstrait *vs* concret, une opposition ambiguë, IREM de Lille, vers 2003. http ://michel.delord.free.fr/rb/rb-abstrait_vs_concret.pdf

[8] W. K. Clifford, The common sense of the exact sciences, (posthume 1885) Dover, New York 1955.

[9] Courrier d'un professeur certifié de mathématiques concernant l'incohérence et l'insuffisance du programme de mathématiques dans la classe de terminale S en 2013-14.
http ://megamaths.perso.neuf.fr/themes/140103RemarquessurleprogrammedemathsTS.pdf

[10] P. Dehornoy, Logique et théorie des ensembles, Notes de cours FIMFA ENS, version 2006-2007.
http ://www.math.unicaen.fr/~dehornoy/surveys.html

[11] C. Deschamps, Maths Terminale S, Symbole, Editions Belin, 2012.

[12] Document d'accompagnement du programme de mathématiques de la classe de seconde (le programme de seconde applicable à la rentrée 2000), 2002.

[13] Document placé sur le site de l'académie de Bordeaux, en ligne le 14 décembre 2014.
http ://mathematiques.ac-bordeaux.fr/pedaclg/dosped/raisonnement/brochure _init_raison/2a-difraison.htm

[14] Educnet, Un problème de réciproque dans la recherche d'un lieu géométrique, scénario proposé par l'académie de Toulouse.
http ://www.educnet.education.fr/maths/usages/lycee/geometrie-plane/ lieu-recip

[15] S. Galpé et G. Romain, Différents types de raisonnements en mathématiques. Exemples et illustrations en rapport avec les programmes du secondaire, LMEC (Lectures sur les Mathématiques, l'Enseignement et les Concours), Vol. IV, pp. 9-68, 2012.

[16] M. Gandit, Preuve ou démonstration, un thème pour la formation des enseignants de mathématique, Première partie, Petit x 65, pp. 36-49, 2004.

[17] M. Gandit, Preuve ou démonstration, un thème pour la formation des enseignants de mathématique, Seconde partie, Petit x 66, pp. 49-82, 2004.

[18] M. Gardner, Aha ! A two volume collection : aha ! Gotcha aha ! Insight, The Mathematical Association of America, 2006.

[19] G. Legrand, Dictionnaire de philosophie, Bordas, 1972.

[20] H. Lombardi, Le raisonnement par l'absurde, Repères-IREM **29**, pp. 27-42, octobre 1997.

[21] J. Manotte, Cours de terminale C en 1974-75, cahiers d'élève.
http ://megamaths.perso.neuf.fr/themes/th0026TC2.html

[22] D.-J. Mercier, Acquisition des fondamentaux pour les concours, Vol. I : Nombres, algèbre, arithmétique et polynômes, CSIPP, 2014.

[23] D.-J. Mercier, Acquisition des fondamentaux pour les concours, Vol. IV : Géométrie affine et euclidienne, CSIPP, 2014.

[24] A. Delcroix, D.-J. Mercier, A. Omrane, Acquisition des fondamentaux pour les concours (grandes écoles, CAPES, agrégation, ...), Vol. V : Analyse, Intégration, Géométrie, Publibook, 2011.

[25] D.-J. Mercier, Acquisition des fondamentaux pour les concours, Vol. VI - Cuvée spéciale, analyse et autres joyeusetés, CSIPP, 2013.

[26] D.-J. Mercier, Oral 1 du CAPES Maths - Plans et approfondissements de cinq leçons de la liste 2013, Publibook, 2013.

[27] D.-J. Mercier, Dossiers mathématiques n°4, Introduction à l'algèbre linéaire, CSIPP, 2013.

[28] D.-J. Mercier, Dossiers mathématiques n°5, Déterminants et systèmes linéaires, CSIPP, 2013.

[29] D.-J. Mercier, L'enseignement dans le chaos des réformes et des attentes, CSIPP, 2013.

[30] John Stuart Mill, Système de logique déductive et inductive, Exposé des principes de la preuve et des méthodes de recherche scientifique, livre : des sophismes, traduit de la sixième édition anglaise, 1865, par Louis Peisse, Librairie philosophique de Ladrange, 1866.

[31] J.-B. Paolaggi & J. Coste, Le raisonnement médical : de la science à la pratique clinique, Editions Estem, 1999.

[32] Programme de mathématiques de la classe de première S, B.O. spécial n°9 du 30 septembre 2010.

[33] Programme de Mathématiques de terminale S, B.O. spécial n°8 du 13 octobre 2011.

[34] Programme de mathématiques de la classe de seconde, B.O. n°30 du 23 juillet 2009.

[35] Programme du collège, Enseignement de mathématiques, B.O. spécial n°6 du 28 août 2008.

[36] Rapport d'information sur l'enseignement des disciplines scientifiques dans le primaire et dans le secondaire, présenté à Assemblée nationale le 2 mai 2006 par Jean-Marie Rolland.

[37] H. Reeves, Patience dans l'azur, Collections Points Sciences, Seuil, 1988.

[38] D. Richard, J.-M. Braemer, CAPES Mathématiques, préparation à l'oral, leçons développées et commentées à l'usage des enseignants, Hermann, 1977.

[39] Wikipedia, L'encyclopédie libre. http ://fr.wikipedia.org

Du même auteur

On peut obtenir la liste des ouvrages parus en se connectant sur le site *MégaMaths* ou en faisant une recherche sur *Amazon.fr*. Le site *Amazon.fr* permet aussi de feuilleter la plupart de mes livres. Pour toute question, écrivez à dany-jack.mercier@hotmail.fr qui sera heureux de vous répondre.

Parmi les livres déjà parus, signalons les deux collections suivantes :

DOSSIERS MATHEMATIQUES – Chaque fascicule de cette collection précise les connaissances de base sur un thème donné pour faire rapidement le point. Déjà parus :
- DM 01 - Méthode des moindres carrés
- DM 02 - Dualité en algèbre linéaire
- DM 03 - Probabilités
- DM 04 - Introduction à l'algèbre linéaire
- DM 05 - Déterminants et systèmes linéaires
- DM 06 - Les grands théorèmes de l'analyse
- DM 07 - Les raisonnements mathématiques
- DM 08 - Réduction des endomorphismes
- DM 09 - Mathématiques et codes secrets
- DM 10 - Codes correcteurs d'erreurs
- DM 11 - Loi normale, échantillonnage et estimation
- DM 12 - Corps finis
- DM 13 - Formules de Taylor et développements limités

ACQUISITION DES FONDAMENTAUX – Cette collection permet de travailler sur de nombreuses questions courtes extraites d'écrits et d'oraux de CAPES, CAPLP et agrégations internes, sur lesquelles il convient de savoir réagir efficacement.
- Vol. I - Nombres, algèbre, arithmétique, polynômes
- Vol. II - Algèbre linéaire
- Vol. III - Espaces euclidiens et hermitiens
- Vol. IV - Géométrie affine et euclidienne
- Vol. V - Analyse, intégration et géométrie
- Vol. VI - Cuvée spéciale : analyse et autres joyeusetés
- Vol. VII - Topologie et autres thèmes lumineux

N'oubliez pas les annales de CAPES et d'agrégation interne pour rentrer dans le vif du sujet et réaliser rapidement des progrès, et les deux livres offerts à télécharger sur le site MégaMaths :
- CAPES/AGREG Maths - Préparation intensive à l'entretien.
- Oral 1 du CAPES MATHS - Pistes et commentaires.

Printed in Germany
by Amazon Distribution
GmbH, Leipzig